«Si los hombres, desde
el más modesto campesi
y el laborioso obrero
de las ciudades al profesor,
al rentista y a aquel que
ha alcanzado
el máximo nivel de la fortuna
o de la gloria, y hasta la mujer
de mundo, la que parece ser
más frívola, llegaran a conocer
qué placer tan íntimo y profundo
se alcanza al contemplar
los cielos, Francia y toda Europa
se cubrirían de telescopios en lugar
de hacerlo de bayonetas,
en beneficio de la paz
y el bienestar universales.»

Camille Flammarion, 1880

Newton
y la mécanica celeste

DESCUBRIR LA CIENCIA Y LA TECNOLOGÍA

BIBLIOTECA ILUSTRADA

14

BLUME

JEAN-PIERRE MAURY

Jean- Pierre Maury (1937-2001) fue profesor de Física en la universidad París VII. Autor de numerosos manuales de Física, publicó *Une Histoire de la physique sans équations* (Vuibert, 2000), un estudio sobre Carnot, *Carnot et la machine à vapeur* (PUF, 1980), y una biografía científica de Mersenne *À l'origine de la recherche scientifique: Mersenne* (Vuivert, 2003). Además escribió numerosos libros de divulgación para la juventud: *Le Ciel sans télescope*, *Le Chaud et le froid*, *Pourquoi ça vole*, *Le Vent et les nuages*, *L'Arc en ciel*, *Les Bulles*, *Comment la Terre devint ronde* (1989) y *Galilée, le messager des étoiles* (1986).

A los niños del tercer milenio

Título original:
Newton et la mécanique céleste

Equipo editorial de la edición en francés:
Pierre Marchand, Elisabeth de Farcy, Anne Lemaire, Alain Gouessant, Isabelle de Latour, Fabienne Brifault, Madeleine Giai-Levra, Paule du Bouchet, Agnès Viterbi, Béatrice Desrousseaux, Pierre Granet.

Traducción y revisión de la edición en lengua española:
Dr. Ing. Alfonso Rodríguez Arias

Coordinación de la edición en lengua española:
Cristina Rodríguez Fischer

Primera edición en lengua española 2012

Av. Mare de Déu de Lorda, 20
08034 Barcelona
Tel. 93 205 40 00 Fax 93 205 14 41
e-mail: info@blume.net

ISBN: 978-84-8076-993-8
Depósito legal: B-23.856-2012
Impreso en Tallers Gràfics Soler,
Esplugues de Llobregat (Barcelona)

WWW.BLUME.NET

Este libro se ha impreso sobre papel manufacturado con materia prima procedente de bosques sostenibles. En la producción de nuestros libros procuramos, con el máximo empeño, cumplir con los requisitos medioambientales que promueven la conservación y el uso sostenible de los bosques, en especial de los bosques primarios. Asimismo, en nuestra preocupación por el planeta, intentamos emplear al máximo materiales reciclados, y solicitamos a nuestros proveedores que usen materiales de manufactura cuya fabricación esté libre de cloro elemental (ECF) o de metales pesados, entre otros.

CONTENIDO

En junio de 1665, como consecuencia de la terrible epidemia de peste que asola el país, la Universidad de Cambridge cierra sus puertas y envía a casa a profesores y alumnos. Entre ellos se halla un joven de veintitrés años recién diplomado: Isaac Newton. Pasará un año en la tranquilidad de su campiña natal, un período tan rico en descubrimientos que los historiadores lo denominarán «Annus mirabilis», el año maravilloso.

CAPÍTULO 1

LAS VACACIONES DE ISAAC NEWTON

Fue en esta casa del condado de Lincoln, a mitad de camino entre Londres y Escocia, en la que Newton pasó unas vacaciones forzosas, sin duda las más fructíferas de toda la historia de la ciencia.

Isaac Newton nace el 25 de diciembre de 1642, el año de la muerte de Galileo. Su padre había fallecido unos meses antes. Dos años más tarde, su madre se vuelve a casar y se va a vivir a un pueblo cercano, dejando al joven Isaac a los cuidados de su abuela en la finca de Woolsthorpe, que pertenecía a la familia desde hacía dos siglos.

Cuando Newton cumple los catorce años, su madre, que ha vuelto a enviudar, regresa a Woolsthorpe con los tres hijos de su segundo matrimonio. Muy pronto, saca a Isaac de la escuela con objeto de que aprenda a gestionar la hacienda, pero el joven no muestra ningún interés por el mundo de los negocios: ocupa su tiempo entre los libros e ingeniosas construcciones, casas de muñecas para sus hermanas, un molino de viento en miniatura o un reloj de agua que funcionaría durante años. A la vista de semejantes muestras de inventiva, su madre decide que vuelva a la escuela y, a los dieciocho años, es admitido en el Trinity College, en la Universidad de Cambridge. Apenas tiene tiempo de acabar sus estudios antes de que la peste lo obligue a abandonarla y regresar a Woolsthorpe, donde permanecerá dieciocho meses.

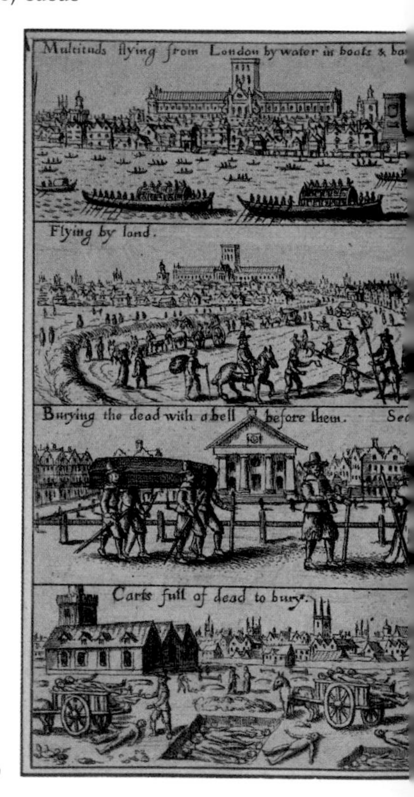

La gran epidemia de peste de 1665 ocasionó, sólo en Londres, más de 70.000 víctimas mortales. Estos populares grabados de la época muestran cómo los londinenses huían de la ciudad por todos los medios posibles, el paso de los cortejos fúnebres y el modo en que los cuerpos se amontonaban en carros abarrotados.

En el campo, Newton continúa los experimentos sobre la luz que había iniciado en Cambridge

Desde 1664, Newton anota en cuadernos sus lecturas, sus experimentos y sus ideas. Sabemos también que lee los *Diálogos* de Galileo, la *Geometría* de Descartes y los trabajos de Kepler, en particular los relativos a la luz y al problema de los colores.

En esa época, se sabía ya desde hacía tiempo que un prisma de vidrio «coloreaba» un rayo de sol que lo atravesara. Esta experiencia del prisma aparece ya en el libro *De refraccione*, de Giambattista della Porta, que se publicó en Nápoles en 1558, pero la explicación que se da de este fenómeno se basa todavía en las antiguas ideas de Aristóteles: la luz es blanca y los colores aparecen progresivamente como consecuencia de su debilitación.

Las luces roja y amarilla, los colores de las llamas, son las menos debilitadas. Siguen,

Ioannis Keppleri

HARMONICES

MVNDI

LIBRI V. QVORVM

Primus GEOMETRICVS, De Figurarum Regularium, quæ Proportiones Harmonicas constituunt, ortu & demonstrationibus.

Secundus ARCHITECTONICVS, seu ex GEOMETRIA FIGVRATA, De Figurarum Regularium Congruentia in plano vel solido:

Tertius propriè HARMONICVS, De Proportionum Harmonicarum ortu ex Figuris; deque Naturâ & Differentiis rerum ad cantum pertinentium, contra Veteres:

Quartus METAPHYSICVS, PSYCHOLOGICVS & ASTROLOGICVS, De Harmoniarum mentali Essentiâ earumque generibus in Mundo; præsertim de Harmonia radiorum, ex corporibus cœlestibus in Terram descendentibus, eiusque effectu in Natura seu Anima sublunari & Humana:

Quintus ASTRONOMICVS & METAPHYSICVS, De Harmoniis absolutissimis motuum cœlestium, ortuque Eccentricitatum ex proportionibus Harmonicis.

Dos de los libros de cabecera del joven Newton: *La armonía de los mundos* de Kepler (1619) y, sobre todo, los *Diálogos* de Galileo (1632). El primero, con una gran cantidad de consideraciones geométricas, estéticas y metafísicas, contiene las tres leyes del movimiento de los planetas, que Newton redescubrió con su demostración. En cuanto al segundo, causa de la condena de Galileo por parte de la Iglesia, fue acogido en toda Europa como el manifiesto de la astronomía moderna: los astros, liberados de la «perfección celeste», podían ser objeto en adelante del razonamiento científico.

a continuación, los más «cargados de negro», el verde, el azul y el violeta. El rayo de luz blanca, al atravesar el prima, se colorea de rojo en el lado de la arista y de azul en el de la base, hecho que se explica por el espesor de vidrio atravesado: el rayo de la base, al recorrer un mayor espesor, se debilita más y se colorea de azul. Naturalmente, se sabe ya que el arco iris es un fenómeno del mismo tipo, en el que las gotitas de agua hacen la función del prisma, y se explica de la misma manera.

Newton reflexiona sobre todo esto y, en primer lugar, analiza estas explicaciones, como hace Descartes, e intenta avanzar buscando razones mecánicas a este «debilitamiento de la luz» (por ejemplo, reducción de la velocidad en el vidrio). Al mismo tiempo, intenta tallar lentes con formas que eviten dicho fenómeno. Después, en uno de sus cuadernos habla de «rayos azules» y de «rayos rojos», y el prima los desvía de un modo diferente.

El arco iris, en todas sus manifestaciones, ha intrigado desde siempre al ser humano, y desde tiempos inmemoriales, se le han atribuido propiedades sobrenaturales. Desde el Renacimiento, se convirtió en objeto de estudio para los científicos, pero, también en este caso, Newton fue el primero en proporcionar una explicación concreta. Estos dos grabados ilustran el fenómeno en dos situaciones particulares, en las que el observador domina las gotitas de agua que dispersan los colores, bien porque se producen muy localizadas por una cascada, o bien porque el observador se encuentra en un lugar muy alto (aquí, en los Andes).

Newton encuentra la explicación: la luz «blanca» es una mezcla de luces de todos los colores

Él mismo explicará unos años más tarde, en una carta, cómo nació esta idea: «A principios del año 1666, conseguí un prisma de vidrio para realizar el famoso experimento de los colores. Para

llevarlo a cabo, oscurecí la habitación, hice un pequeño agujero en la ventana para permitir el paso de la cantidad conveniente de rayos de sol y coloqué el prisma contra el agujero, con el fin de refractar la luz contra la pared opuesta. Al principio fue muy satisfactorio contemplar los colores vivos e intensos producidos de este modo. Pero, un momento después, empecé a examinarlos con más cuidado».

En primer lugar, se da cuenta de que la imagen luminosa no sólo tiene diversos colores, sino que es

Newton tenía veinticuatro años cuando descubrió que la luz «blanca» del sol es una mezcla de luces de todos los colores, que el prisma dispersa y amplía.

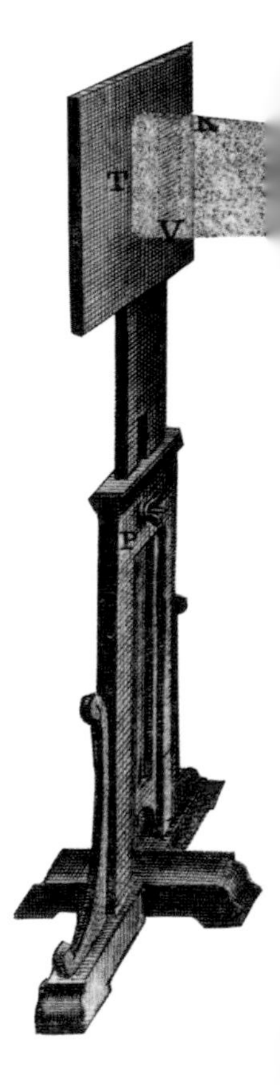

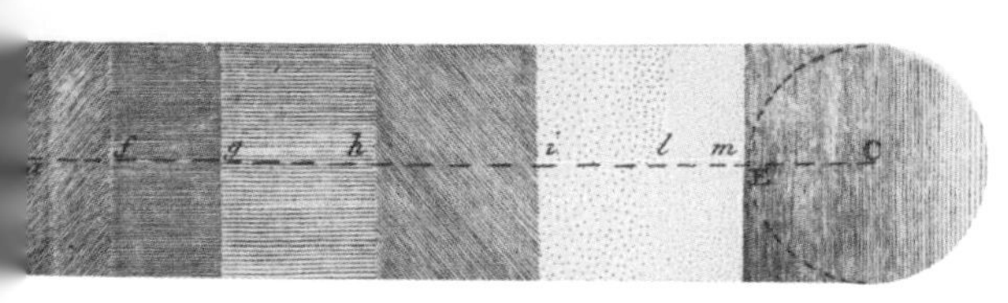

Este dispositivo es mucho más elaborado que el que Newton montó en su habitación de Woolsthorpe: un simple agujero en la ventana, un prisma y la pared de enfrente como pantalla receptora del espectro.

más alargada: la «parte azul» está más desviada por el prisma que la «parte roja». ¿Es como consecuencia de un defecto de este último? ¿Cómo saberlo? A Newton se le ocurre la idea de colocar tras el primer prisma otro situado al revés: sus desviaciones se deberían compensar, pero no sus defectos. Ahora bien, la imagen se mantiene redonda y blanca, es decir, que no hay defectos.

Por asociación de ideas, Newton llega pronto a lo que califica como el experimento «crucial»: mediante un agujero en una placa, aísla la parte azul de la imagen producida por el prisma y hace incidir esta luz azul sobre un segundo prisma. ¡La luz se desvía, pero no se extiende ni cambia de color!

En esta ocasión, está seguro de haber dado con la solución: la luz «blanca» del sol es una mezcla de luces de distintos colores, y el prisma los desvía de maneras diferentes. A partir de ahí, Newton realiza numerosos experimentos, demostrando de diversas formas que ¡se puede rehacer la luz «blanca» mezclando luces de colores!

Sorprendentemente, Newton guarda silencio sobre su extraordinario descubrimiento

Esta reserva tiene diversas explicaciones. Para empezar, Newton es todavía un estudiante: sabe que un descubrimiento tan revolucionario suscitará la hostilidad de los profesores. De hecho, lo publicará cinco años más tarde, una vez convertido en profesor,

y reconocido por sus colegas por el descubrimiento del telescopio reflector.

Y así será durante toda su vida: publicará sus descubrimientos a regañadientes, obligado y forzado. Sin duda, pretende acumular, en primer lugar, experimentos y pruebas. Pero, sobre todo, posee un carácter solitario y tímido, tiene miedo a las controversias, al ruido y al furor de las discusiones. En resumen, es lo opuesto al alegre camorrista que era Galileo.

Si su descubrimiento de la mezcla de las luces debió mantenerse en secreto durante cinco años, otro aún más importante, de hecho, el fruto más extraordinario del «año maravilloso», que tuvo lugar entre 1665 y 1666, la gravitación universal, hubo de esperar veinte años para ver la luz.

Newton contempla la manzana y la Luna, y descubre la fuerza del mundo

Con frecuencia sucede que pequeños relámpagos son el preludio de grandes conmociones. Así, el nacimiento de la idea de la atracción universal ha adoptado la forma de una historieta, sin duda una fábula, pero nunca se sabe...

Una apacible tarde de otoño, Newton sueña despierto bajo un manzano de Woolsthorpe mientras contempla la Luna... De repente, cae una manzana. De hecho, todo lo que no tiene un soporte cae hacia la Tierra. Pero ¿y la Luna? Si carece de soporte, ¿por qué no cae? Como un fogonazo, Newton «ve» la respuesta: ¡sí lo hace!

La manzana ha desempeñado un papel muy importante en los asuntos humanos: fue causa de la caída en desgracia de Eva; más tarde, ofrecida por Paris a Afrodita, desencadenó la guerra de Troya; después, colocada sobre la cabeza del joven Tell, dio origen a la independencia de Suiza. También podríamos mencionar a Blancanieves... Sin duda, después de la de Eva, la manzana de Newton ha sido la que ha inspirado más ilustraciones, tanto si cae sobre la cabeza de éste, como la representan algunos dibujantes, como si en realidad medita ante ella, del modo que se ve en este grabado del siglo XIX. De todos modos, la cuestión no era todo observar la manzana, como compararla con la Luna.

La Luna cae hacia la Tierra. Si no fuera así, seguiría una trayectoria recta y desaparecería en el infinito. Dado que su trayectoria se curva hacia la Tierra, quiere decir que cae, pero su «velocidad de desplazamiento» es tan grande que la caída sólo hace que se mantenga a la misma distancia del planeta: cae describiendo un círculo alrededor de este último que la mantiene siempre a la misma distancia, en un estado de caída permanente.

Ahora bien, si la Luna gira alrededor de la Tierra, ésta lo hace alrededor del Sol, del mismo modo que los otros planetas. Los satélites de Júpiter, el

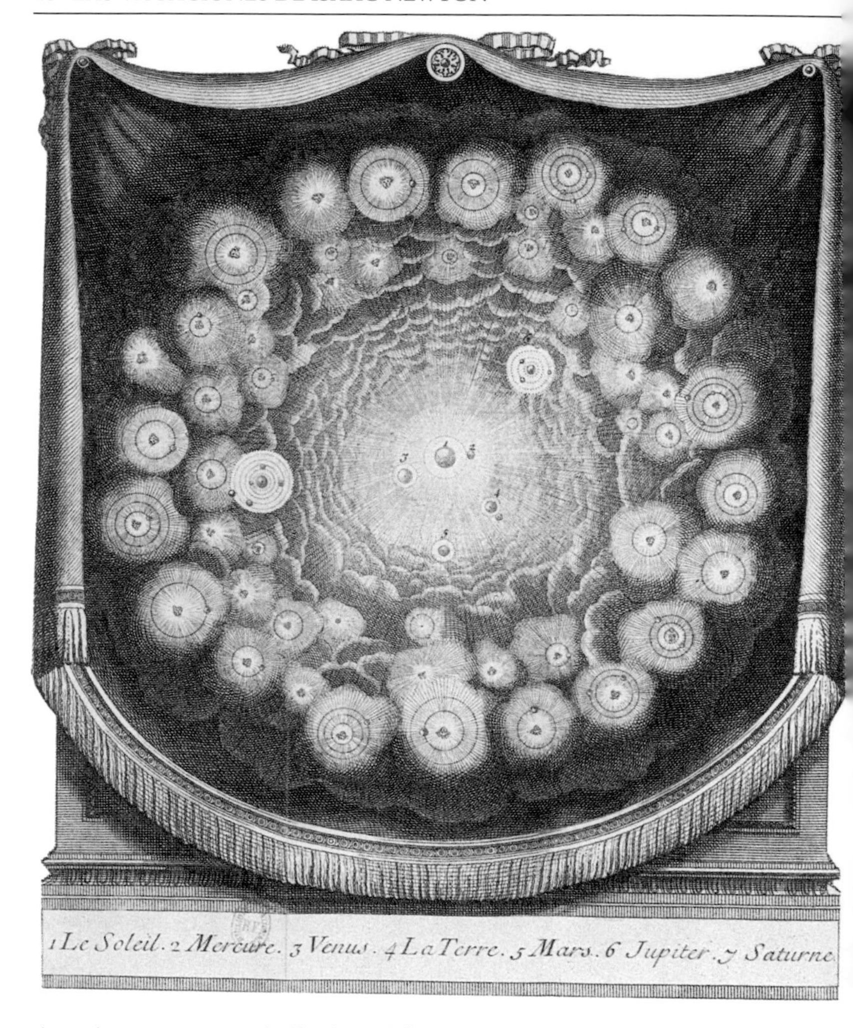

descubrimiento más bello de Galileo, giran alrededor de su planeta. Titán, el satélite de Saturno que acababa de descubrir Huyghens, gira alrededor de aquél. ¿El inmenso baile del Sistema Solar tiene el mismo origen, la misma explicación que la caída de una manzana en el huerto de Woolsthorpe, una tarde de otoño?

Los coetáneos de Newton son incapaces de explicar el origen de los cometas

Estamos en el año 1665. Hace poco más de ciento veinte años que Copérnico publicó su sistema del mundo en el que los planetas giran alrededor del Sol. Hace medio siglo que Kepler determinó las tres leyes que rigen su movimiento,y por otra parte, hace treinta años que Galileo fue condenado por haber hecho accesible todo ello gracias a los descubrimientos que ha podido realizar con su telescopio...

Además, Galileo ha hecho algo mucho más importante, y mucho más condenable: ha roto por fin la barrera establecida desde hace dos mil años entre la Tierra y el cielo.

En efecto, durante dos milenios, la astronomía y la física han estado separadas. Desde la época de Platón y Aristóteles estaba prohibido buscar causas naturales de los movimientos de los cuerpos celestes, considerados «perfectos», como los propios cuerpos.

Al demostrar que la Luna tiene montañas y el Sol manchas, Galileo rompe esta «perfección». La Luna no es más perfecta que la Tierra, entonces, ¿por qué debería serlo su movimiento y no estar sujeta a las causas que mueven los objetos de la vida cotidiana? La idea de que una misma ley natural pudiera regir la Luna y la manzana era sacrílega en los tiempos de Galileo, y él mismo debió sufrir sus consecuencias, pero gracias a él se impondrá unos años más tarde.

Este grabado del siglo XVIII es interesante no sólo por la abundancia de sistemas planetarios, sino también, y en particular, por las densas nubes que materializan la oscuridad cósmica y que sólo el Sol logra despejar: después de 2.200 años desde que Parménides la disipara, la «brumosa oscuridad» de la antigüedad sobrevive en la imaginación de los artistas.

Cuando Galileo presenta su telescopio a los senadores de Venecia, les muestra las naves y los monumentos lejanos. En cuanto a él, no tarda en dirigir su nuevo instrumento hacia el cielo.

PLANISPHÆRIVM
Sive
MVNDI TOTIVS,
TYCHONIS
PLANO
Prostant Amstelædami apud
GERARDUM VALK et
PETRUM SCHENK.
CAPRI CORNVS
SAGIT
AQVA RIVS
PIS CES
ARI ES
TAV RVS
GE MINI
CAN
CIRCVLVS IOVIS
IVPITER
CIRCVLVS MARTIS
MARS
VENVS
MERCVRIVS
CIRCVLVS VENERIS
LVNA
SYSTEMA PLANETARUM SOLEM HUC DESCENDENTEM COMITANTIUM.
MARS MARTIS CIRCVLVS
IVPITER IOVIS CIRCVLV
SATVRNVS SATVRNI CIRCV

El sistema de Tycho

El Renacimiento ya no se podía dar por satisfecho con el orden perfecto del sistema de Tolomeo (*superior*), en el que las esferas se encajan alrededor de una Tierra inmóvil en el centro del mundo. Sin embargo, la inmovilidad de esta última y su posición central son dogmas tan arraigados que se intenta conservarlos teniendo en cuenta los movimientos observados. Por ello, Tycho Brahe propone en el siglo XVI una solución en la que los planetas giran alrededor del Sol, y éste describe, a su vez, un círculo alrededor de la Tierra, siempre inmóvil en el centro del Universo.

PLANISPHÆRIVM
Sive
VNIVERSI TO:
EX HYPO:
COPERNI
PLANO
Prostant Amstelædami apud
GERARDUM VALK, et
PETRUM SCHENK
ORBIS SATVRNI
LVNA CVM MVNDO SVBLVNARI
VENVS
MERCV
MARS

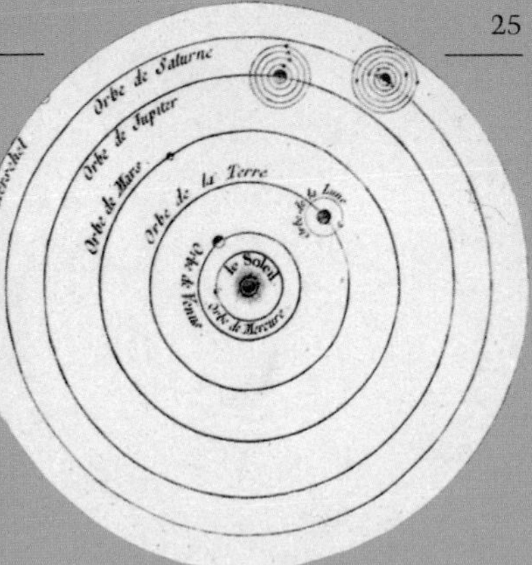

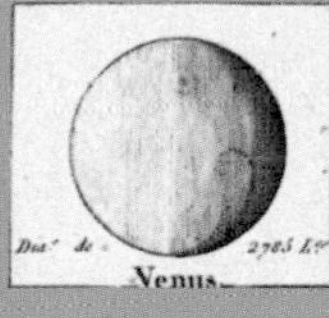

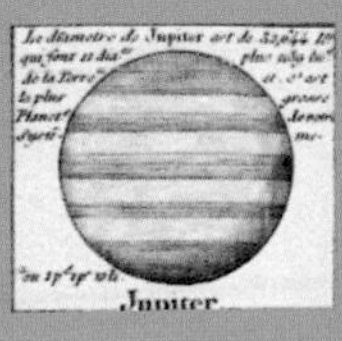

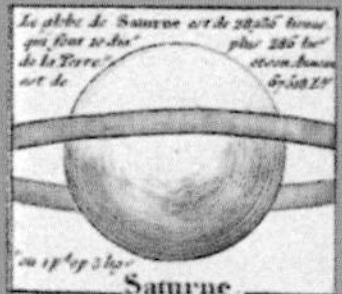

Saturne

El sistema de Copérnico

Con el sistema de Copérnico todo se hace más fácil, pero la Tierra ya no está inmóvil ni «en el centro»: gira alrededor del Sol como los demás planetas. Gracias al perfeccionamiento de los instrumentos, muy pronto se conoce aquellos, pero para saber su tamaño será necesario, en primer lugar, determinar las distancias, es decir, medir el Sistema Solar. Para que una medida absoluta permita conocer todas las demás se hace necesario determinar, en primer lugar (en 1672), todas las proporciones del sistema, las relaciones entre las distancias Sol-Tierra, Sol-Marte, etcétera. El grabado superior data del siglo XIX: en él, en efecto, ya aparece Urano, pero todavía se le llama Herschel...

Descartes se enfrenta al problema de encontrar una explicación natural a los movimientos de los cuerpos celestes. Dado que, como a muchos de sus contemporáneos, le repugna la idea de una acción a distancia, imagina, para llenar el vacío entre los cuerpos celestes, los «vórtices» de una materia invisible, capaces de arrastrar a los planetas y los satélites, todos en el mismo sentido.

Sin embargo, y Newton lo sabe muy bien, aunque todos los planetas y todos los satélites conocidos en aquella época giran en el mismo sentido, entre los cometas hay algunos que «desobedecen», y giran en sentido contrario: o bien les tienen sin cuidado los vórtices (¿y por qué?), o éstos no existen.

¿Es, pues, necesario admitir la acción a distancia y aceptar que la Tierra atrae a la Luna a través de cientos de miles de kilómetros de vacío?

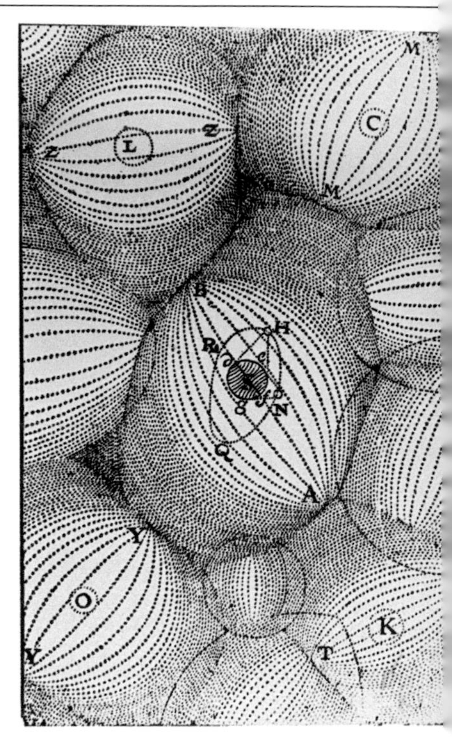

Aunque desde 1628 se ha instalado en Holanda, y con ello está menos amenazado por la Iglesia, Descartes renuncia a publicar su «sistema del mundo», para no verse envuelto en los mismos problemas que Galileo (condenado en 1633). Esto tuvo como consecuencia que, después de su muerte, el obispo Bossuet, celoso apologista de las virtudes de la familia real que había bendecido las masacres de Cévennes, lo tratara de «pusilánime».

Newton busca una ley para su atracción: ¿cómo varía ésta con la distancia?

Y además, ¿exactamente la distancia a qué? Nueva idea «maravillosa»: lo que cuenta, tanto para la manzana como para la Luna, es la distancia al centro de la Tierra. La manzana está a 6.400 km, y la Luna, a 380.000. Basta calcular cuánto «cae» cada una en un segundo. Newton halla su ley: la atracción es «inversamente proporcional al cuadrado de la distancia».

¿Se cumple esta ley para las atracciones que ejercería el Sol sobre los distintos planetas? Aproximadamente sí, si se asume que describen órbitas circulares. Sin embargo, Kepler había

demostrado que describen órbitas elípticas, y en esas condiciones no es posible hacer los cálculos con las matemáticas de que se disponc.

Por su parte, Newton ha aceptado que lo que «cuenta» es el centro de la bola (Tierra o Sol), pero quiere demostrarlo. Para ello será necesario no sólo que invente una nueva rama de las matemáticas (el «cálculo infinitesimal»), sino que también desarrolle más la teoría de las fuerzas y los movimientos que había establecido Galileo. ¡Tenía mucho que hacer! Pero ya sabemos que no tiene la menor prisa en publicar, ni en hablar de sus descubrimientos: ¡el mundo deberá esperar todavía unos veinte años la ley de la atracción universal!

Durante estos veinte años, la astronomía europea va a cambiar de forma irreversible.

El diámetro de la Luna es, más o menos, un cuarto del de la Tierra, y la distancia entre sus centros es algo menor que treinta diámetros terrestres.

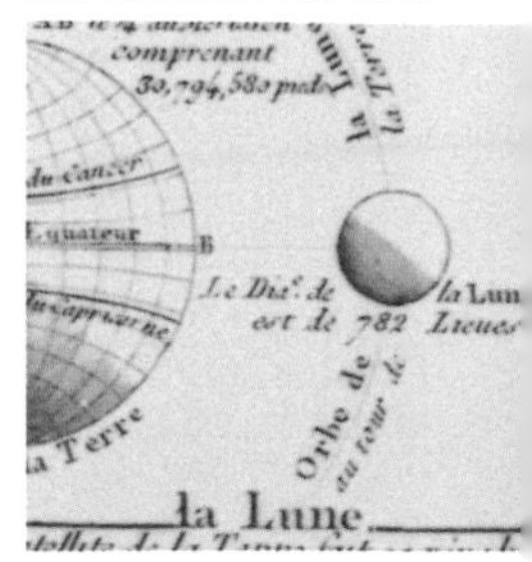

«El martes 21 de junio de 1667 (día del solsticio de verano), los señores Auzout, Frenicle, Picard, Buot y Richer estaban desde muy temprano en el Uranoscope u Observatorio para trazar la línea del meridiano sobre una piedra [...]» De este modo se inicia la construcción del Observatorio de París. En menos de diez años se medirá la Tierra, el Sistema Solar y la velocidad de la luz.

CAPÍTULO 2

EL NACIMIENTO DE LA ASTRONOMÍA MODERNA

En 1667, se reúne en París un buen número de sabios europeos. El Observatorio de la capital francesa constituirá el primer centro astronómico de la época.

Cuando Colbert funda en 1666 la Academia de las Ciencias, ésta existía ya de modo informal desde hacía unos treinta años. En Francia, como en muchos otros lugares, los sabios habían adquirido la costumbre de reunirse con regularidad, casi siempre en casa de uno de ellos, para hablar sobre sus trabajos y descubrimientos.

En París, estas reuniones tenían lugar en casa de un curioso personaje, Melchisédec Thévenot, metomentodo científico, coleccionista infatigable y gran viajero. Por ejemplo, fue en su casa donde Mersenne, que mantenía correspondencia con todos los sabios de Europa, presentó a Descartes al filósofo inglés Hobbes. A este círculo pertenecieron Gilles de Roberval, Gassendi y Blaise Pascal.

En otros países, había grupos análogos que tenían ya un patrón o un estatuto: en Florencia, la Accademia

«Con ocasión de la fundación del Observatorio, Colbert presenta a Luis XIV a los miembros de la Academia.» Este cuadro representa un hecho ficticio: Luis XIV no visitó oficialmente el Observatorio hasta 1682. Pero por más que sea una anécdota imaginaria no deja de ser un reflejo de la realidad: la Academia y el Observatorio fueron fundados por orden de Luis XIV y a iniciativa de Colbert.

del Cimento estaba patrocinada desde 1657 por el cardenal Leopoldo de Medici; en Baviera, la Academia Naturae Curiosorum recibió el apoyo del emperador Leopoldo I; en Inglaterra, se instituyó la Royal Society a partir de 1645. Colbert decide «nacionalizar» la asamblea de los sabios franceses creando la Academia de las Ciencias a semejanza de la Academia Francesa de Richelieu.

Ahora bien, entre los siete primeros miembros hay cuatro astrónomos: Auzout, Picard, Roberval y, sobre todo, el holandés Christian Huyghens, recientemente llamado a París por Luis XIV, y que es, al mismo tiempo, el astrónomo más famoso y el físico más importante de mediados del siglo XVII. No sólo ha identificado el anillo de Saturno, sino que ha creado el reloj de péndulo, lo que va a revolucionar la astronomía.

De repente, el reloj de Huyghens y el micrómetro de Auzout permiten realizar mediciones astronómicas cien mil veces más precisas

A principios del siglo XVII, la única manera que tenía Galileo de contar intervalos de tiempo sucesivos iguales era tomarse el pulso: ¡de este modo estableció las leyes del plano inclinado! Se dice que fue también de esta manera como estudió las oscilaciones del péndulo, en concreto viendo balancearse una lámpara durante una aburrida larga misa. De todos modos, constató que el período de oscilación de un péndulo no depende de la amplitud de la misma, si ésta es pequeña.

Ésta fue la observación que dio a Huyghens la idea de utilizar un péndulo para regular el movimiento de un reloj. Hasta entonces, la regulación de los relojes mecánicos era muy burda, basada en la rigidez de una lámina elástica, y eran menos fiables que los relojes de agua, como el que el joven Newton había instalado en Woolsthorpe...

Sin embargo, con el péndulo regulador, en el que el movimiento se mantiene gracias al mismo escape que lo manda, todo cambia: hacia 1665, el reloj mecánico «logra» una precisión de un segundo en veinticuatro horas: ¡se multiplica por mil la precisión en la medida del tiempo!

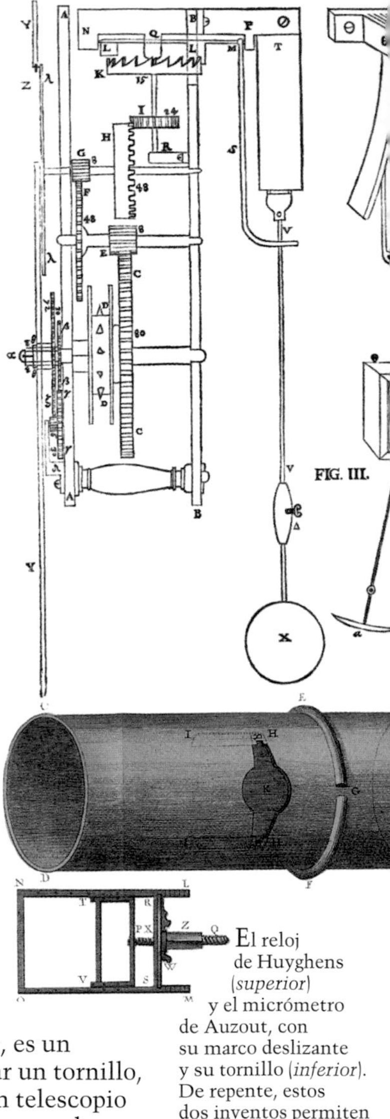

El reloj de Huyghens (*superior*) y el micrómetro de Auzout, con su marco deslizante y su tornillo (*inferior*). De repente, estos dos inventos permiten realizar las mediciones astronómicas de precisión.

En cuanto al micrómetro de Auzout, es un dispositivo que permite, haciendo girar un tornillo, desplazar un hilo frente al ocular de un telescopio para colocarlo exactamente sobre la imagen de una estrella. Marcando sobre un tambor graduado el ángulo que ha girado el tornillo, se mide el desplazamiento del hilo con una exactitud del orden de la centésima de milímetro: la precisión de las medidas de posición se ha multiplicado por cien.

Con Galileo y Newton, Huyghens es uno de los tres grandes físicos del siglo XVII. Conocido muy pronto por sus descubrimientos sobre Saturno (anillo y primer satélite) y por su reloj de péndulo, también publicó el primer informe sobre el cálculo de probabilidades, desarrolló de manera considerable toda la mecánica y el cálculo de curvas y, por último, presentó la primera teoría ondulatoria de la luz. Llamado a París por Colbert tras la fundación de la Academia, fue expulsado en 1685 debido a la revocación del edicto de Nantes.

Ha llegado la hora de la astronomía de precisión: en 1665, Auzout propone a Luis XIV la construcción de un observatorio

«Conviene, Majestad, para Vuestra gloria y la reputación de Francia, y es lo que nos hace esperarlo, que disponga de un lugar para hacer en el futuro todo tipo de observaciones celestes, y que lo provea de todos los instrumentos necesarios para tal fin.»

En 1667, Colbert compra en nombre del rey «un terreno en el que hay un molino de viento..., fuera de la puerta falsa de Saint-Jacques, en el lugar llamado el Grand Regard». El día del solsticio de verano, los astrónomos de la Academia llegan con gran pompa para determinar la orientación del futuro edificio, trazando sobre el suelo «el meridiano», es decir, el meridiano de París.

El edificio no se terminará de construir hasta 1672, pero los estudios astronómicos empiezan de inmediato. El primer punto del programa, escogido en 1667, es medir el tamaño de la Tierra.

Como los astrónomos de Alejandría, casi dos mil años antes, los del Observatorio empiezan midiendo la Tierra antes de lanzarse a la medición de los astros

Suponiendo que la Tierra es esférica, para determinar su tamaño basta medir la longitud de un grado de meridiano, es decir, la distancia entre dos puntos del mismo meridiano en que las verticales en ellos formen un ángulo de un grado. Después, es suficiente multiplicar esta distancia por trescientos sesenta para determinar la circunferencia del globo.

La distancia que hay que medir, con la mayor precisión posible, es de unos 110 km. El método se basa en la triangulación, estudiada desde 1533 por

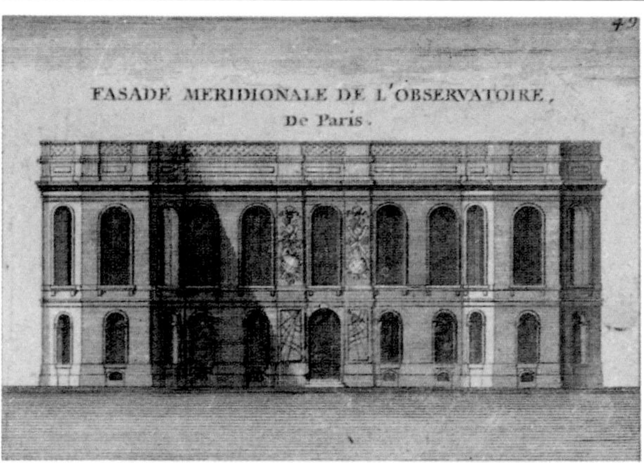

Luis XIV había mandado transportar a los jardines del Observatorio la «torre de Marly» para que Cassini pudiera instalar en ella sus objetivos. Éste trabajaba sin tubo, desplazándose por los jardines llevando el ocular en la mano y realizando las observacones a través de un objetivo situado a 10 o 20 m. El Observatorio se amplió hacia 1835 con dos alas y dos cúpulas, pero el edifico principal sigue siendo el del siglo XVII.

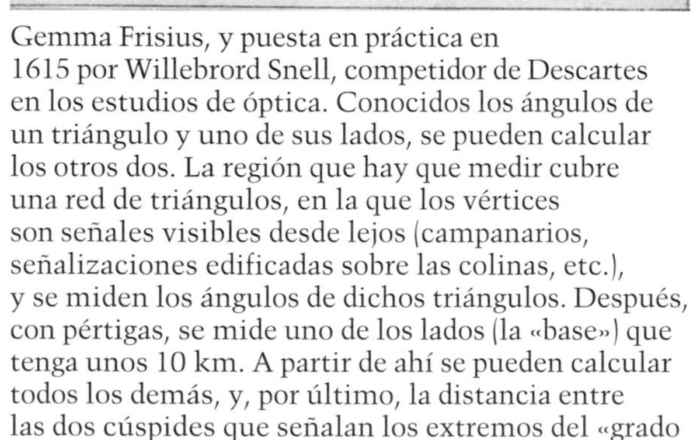

Gemma Frisius, y puesta en práctica en 1615 por Willebrord Snell, competidor de Descartes en los estudios de óptica. Conocidos los ángulos de un triángulo y uno de sus lados, se pueden calcular los otros dos. La región que hay que medir cubre una red de triángulos, en la que los vértices son señales visibles desde lejos (campanarios, señalizaciones edificadas sobre las colinas, etc.), y se miden los ángulos de dichos triángulos. Después, con pértigas, se mide uno de los lados (la «base») que tenga unos 10 km. A partir de ahí se pueden calcular todos los demás, y, por último, la distancia entre las dos cúspides que señalan los extremos del «grado

La zona en la que tiene lugar un eclipse total de sol tiene unos pocos kilómetros. Por tanto, en cada ocasión es necesario llevar los instrumentos necesarios y construir albergues provisionales.

de meridiano», determinados por procedimientos astronómicos.

En dos años, Picard mide el arco de meridiano entre París y Amiens

Antiguo ayudante de Gassendi, con el que observó el eclipse de sol del 21 de agosto de 1645, el sacerdote Jean Picard contribuye a la puesta a punto del micrómetro de Auzout. Miembro de la Academia de Ciencias desde su fundación, supervisa la construcción de los primeros instrumentos del Observatorio, que describirá con gran detalle, con reglas de empleo y de control todavía vigentes en nuestros días.

Mientras tanto, mide la Tierra. Por suerte, realiza las mediciones en los alrededores de la capital, lo que le permite volver a ésta con frecuencia y realizar otros trabajos. Debe instalar los instrumentos de visión (los telescopios son los primeros en utilizar el micrómetro) en lo alto de las torres y los campanarios que definen su sistema de triángulos.

Su gran sector de 3,25 m de radio, destinado a fijar astronómicamente las direcciones de las verticales en los dos extremos del arco que hay que medir, podría correr el riesgo de desajustarse si se trasladase en un carretón, por lo que emplean un armazón transportado a pie para llevarlo de París a Amiens...

La base, de una longitud de 11 km, va de Villejuif a Juvisy. La medición se hace dos veces, con pértigas de madera de ocho metros, y cada vez se debe verificar con gran cuidado la alineación y la horizontalidad con la escuadra y la plomada.

Picard no se conformó con medir el grado del meridiano, sino que midió toda Francia. En una serie de expediciones que tuvieron lugar durante cinco años (1676-1681), trazó, en colaboración con La Hire, el primer mapa correcto de las costas. Cuando, en 1682, se le presentó a Luis XIV este mapa superpuesto al incorrecto que estaba entonces en vigor, el monarca se lamentó irónicamente de que esta operación le había costado una parte no despreciable de su reino.

Picard anuncia los resultados: un grado de meridiano tiene 57.060 toesas (veremos la importancia de este resultado para Newton). Esta medición tiene una notable precisión, con un error del 0,1 %. Casi un siglo más tarde, en 1756, Lacaille la triplicará hasta lograr un error del 0,03 %.

El Observatorio necesita un director con experiencia: Colbert hace venir de Italia a Jean-Dominique Cassini

Cuando Colbert lo manda llamar, Cassini ocupa desde hace quince años una cátedra en la Universidad de Bolonia. Tiene gran experiencia en todos los campos de la astronomía, y sus tablas de los movimientos de los satélites de Júpiter, publicadas en 1668, son las mejores, lo que es muy importante, ya que son el único medio para determinar las longitudes con precisión.

A partir de 1671, incluso antes de que el Observatorio esté acabado, Cassini se instala con un excelente material, pues los objetivos italianos no tienen todavía parangón, y ese año descubre un nuevo satélite de Saturno, Jápeto (en 1672

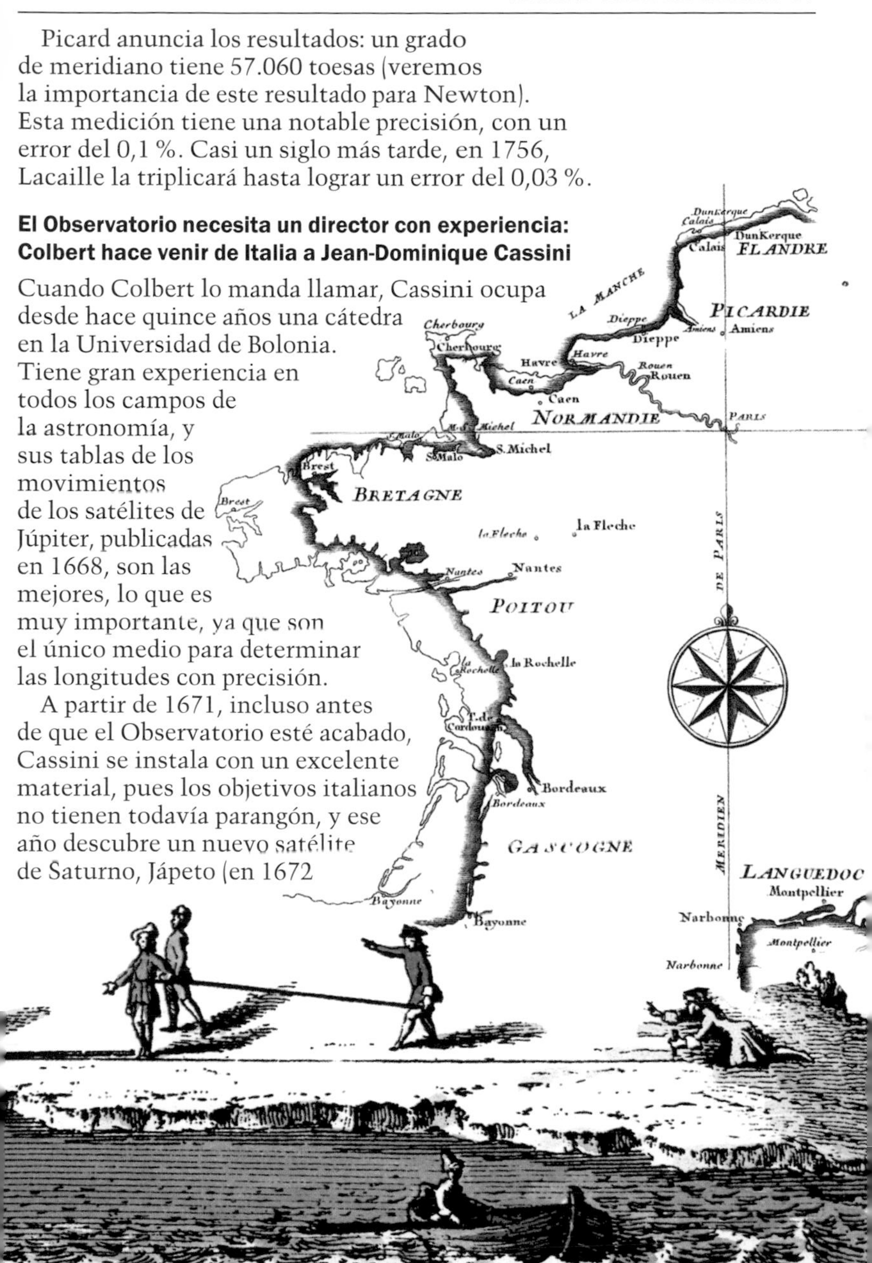

La dinastía de los Cassini dirigió el Observatorio desde la llegada en 1669 de Jean-Dominique, denominado Cassini I, procedente de Bolonia invitado por Colbert, hasta la dimisión, en 1793, de Cassini IV. Sin embargo, los tres últimos (Jacques, Cassini de Thury y Cassini IV) se dedicaron casi exclusivamente a la geodesia y a cartografiar Francia. Los trabajos de los tres en astronomía están muy lejos de lo conseguido por el fundador de la dinastía: sus descubrimientos sobre Saturno (cuatro satélites y la división de los anillos); su medición del Sistema Solar en colaboración con Richer, que realizó un gran mapa de la Luna; el intento de medir la rotación de Venus y la incesante mejora de sus tablas de los satélites de Júpiter.

identifica Rea y después, doce años más tarde, en 1684, Tetis y Dione). Asimismo, descubre la división de los anillos de Saturno y, sobre todo, pronto le veremos compartir con Richer la primera medición de las dimensiones del Sistema Solar.

Con anterioridad, Picard usó sus tablas de los satélites de Júpiter en una misión en Dinamarca.

Picard visita las ruinas del observatorio de Tycho Brahe, en una isla danesa, para fijar exactamente su posición

Él mismo expone, a partir de 1669, los objetivos astronómicos que hacen necesario el envío de esta misión: «Para comparar los experimentos aquí realizados con los de Tycho Brahe, y sustituir el

Si a ello se añade la supervisión de la construcción y del equipamiento del Observatorio, su dirección científica y administrativa, y la formación de toda una generación de astrónomos, se confirma una vez más el acierto de Colbert al hacer venir de Bolonia a París al que habría de convertirse en Cassini I...

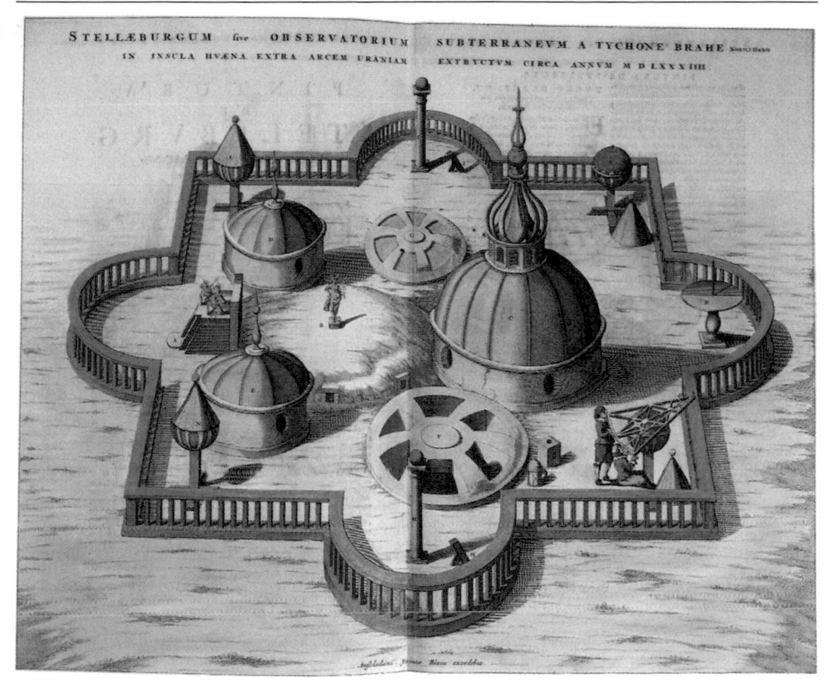

meridiano de Uraniborg por el de París, es necesario saber exactamente la diferencia de longitudes que existe entre los dos meridianos, y para ello se debe disponer de las mediciones de los satélites de Júpiter realizadas desde ambas localizaciones. Convendría también que se determinara de nuevo la altura del Polo en el lugar en que se hallaba Uraniborg, tanto para comparar nuestros instrumentos con los de Tycho como para ver qué fe se puede tener en sus observaciones».

Teniendo en cuenta la importancia de las observaciones de Tycho, que fueron la base en la que se fundamentan las leyes de Kepler, es muy interesante relacionarlas con las que se van a hacer en París, de modo que se puedan comparar las posiciones señaladas con casi un siglo de diferencia.

En cuanto a los eclipses de los satélites de Júpiter, aquí desempeñan el papel de la «señal sonora» de la radio: al ser visibles al mismo tiempo en París

En 1572, Tycho tiene veintiséis años y se hace famoso al descubrir la primera «nova» de los tiempos modernos. El rey de Dinamarca le regala la isla de Hveen, donde construye el observatorio de Uraniborg («la ciudad del cielo»). Sin embargo, a la muerte del monarca, se enemista con sus sucesores y se ve obligado a exilarse en Praga. Su observatorio se derrumba por la intemperie, y los habitantes de la isla lo utilizan como cantera...

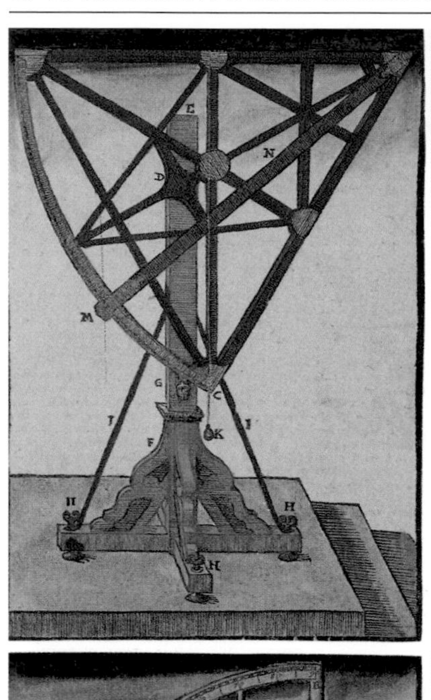
E
N
D
M
G
C
F
K
H
H
H

a
b
N
K
X
A
C

B
D
E
W
X
T
V
K
P
Y
F
O
M
G
H
Z
S
N
Q
R

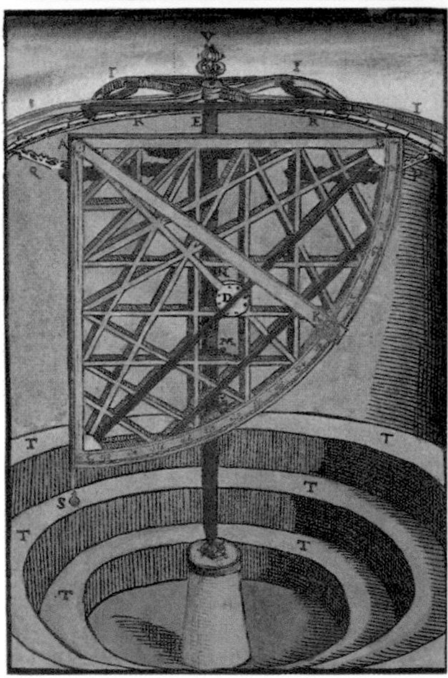
V
K
E
R
R
Q
P
N
D
M
T
T
T
T
T
T
S

En Praga, Tycho Brahe llega a ser «matemático» del emperador y, a su muerte, le sucede su ayudante Kepler. Según este último, que nunca ocultó su admiración por las dotes de observación de Tycho, éste «pensaba en segundos de arco». Ahora bien, su muerte acaece diez años antes de que Galileo construyera su telescopio, por lo que sus instrumentos carecían de óptica. Para poder apuntar de un modo preciso, necesitaba instrumentos muy grandes, como el «cuadrante», que se puede ver en su observatorio en el grabado de la izquierda. Estos grandes instrumentos (¡Tycho construyó uno de 6 m de radio!) se hallaban fijos, en el plano del meridiano. Servían para medir la altura de los astros a su paso por dicho meridiano. Ahora bien, sobre un cuadrante de 6 m de radio, un minuto de arco ocupa 2 mm. Con la aparición del telescopio, se podrá conseguir la misma precisión con instrumentos más pequeños y móviles. Se multiplican así los «cuadrantes» (cuartos de círculo), los «sextantes» (sextos de círculo) y las semiesferas.

y Dinamarca, permiten comparar las horas locales de los dos lugares, es decir, determinar la diferencia de sus longitudes. Para observar con precisión estos eclipses, Picard se lleva tres telescopios con micrómetro, aparte de los instrumentos que había utilizado para medir el meridiano. Parte hacia Dinamarca en julio de 1671.

Del observatorio abandonado por Tycho no queda nada más que los cimientos. Por tanto, Picard procede a reconstruir el emplazamiento de los instrumentos y a sacar adelante su misión con la ayuda de un joven astrónomo danés, Olaus Roemer.

Impresionado por la competencia de este joven, Picard se lo lleva a París, consigue que lo nombren profesor de astronomía del Delfín y le hace ingresar en la Academia.

Los astrónomos del Observatorio utilizan la medida de la Tierra para determinar la del Sol

De hecho, hasta entonces, la única distancia astronómica conocida es la de la Luna (medida por Aristarco en el siglo III a. C.). En lo concerniente a las órbitas de los planetas, se conoce bien su forma y sus dimensiones relativas, es decir, que, por ejemplo, se es capaz de comparar en todo momento las distancias Tierra-Sol y Tierra-Marte, pero no se conoce el valor absoluto de las mismas.

Se puede dibujar el Sistema Solar con sus proporciones correctas, pero se ignora la escala. Para conocerla sería suficiente medir una distancia cualquiera, y las demás se podrían calcular de forma inmediata.

Es, pues, necesario medir la distancia entre la Tierra y otro planeta, lo más cercano posible. Cada quince o dieciséis años, Marte se acerca a la Tierra a una distancia aproximada de un tercio de la distancia Tierra-Sol. Esto se producirá en 1672. ¡Hay que aprovechar la ocasión!

Para evaluar la distancia Tierra-Marte en un momento determinado, se debe observar el planeta simultáneamente desde dos puntos de la superficie terrestre muy lejanos, y definir (con relación a las estrellas) el ángulo de las dos líneas de observación. Se sabe que este ángulo será mucho menor que un minuto de arco, por lo que las mediciones deberán ser extraordinariamente precisas y los dos puntos de observación deberán estar muy alejados el uno del otro.

En 1671, Richer parte hacia Cayena, en la Guayana francesa. Su misión durará dos años, con resultados que superan todas las expectativas

Son las primeras observaciones precisas en una región próxima al ecuador. El Sol está muy alto en el cielo, y su movimiento aparente se ve menos perturbado por la atmósfera.

El objetivo principal de la misión, la medición de la distancia Tierra-Marte, tiene un éxito total. Richer no lo sabrá hasta más tarde, ya que es en París donde Cassini, tras recibir sus cartas, realiza los cálculos. El ángulo entre las dos líneas de observación (París-Marte y Cayena-Marte) ¡es de sólo 23 segundos de arco! Teniendo en cuenta la posición de Cayena, se obtiene un valor para la distancia Tierra-Marte en aquel momento de algo menos de 50 millones de kilómetros. Como esta distancia es tres octavos la que separa la Tierra del Sol, ya se conocen por fin las dimensiones exactas del Sistema Solar.

Los dos instrumentos principales de Picard: un cuadrante para visualizar las referencias (que puede ser vertical u horizontal) y un sector de ángulo pequeño, pero de radio muy grande, para apuntar con precisión las estrellas en relación con la vertical del lugar (que viene definida por la plomada).

La distancia media entre el Sol y la Tierra es unos 150 millones de kilómetros, es decir, ¡están unas veinte veces más alejados de lo que se suponía hasta entonces! Y la precisión es excelente: menos de un 2 % de error frente a las mediciones más modernas. Por consiguiente, el éxito es absoluto.

En este mapa, el norte está en la parte inferior: se ve la Tierra como si se llegara a ella.

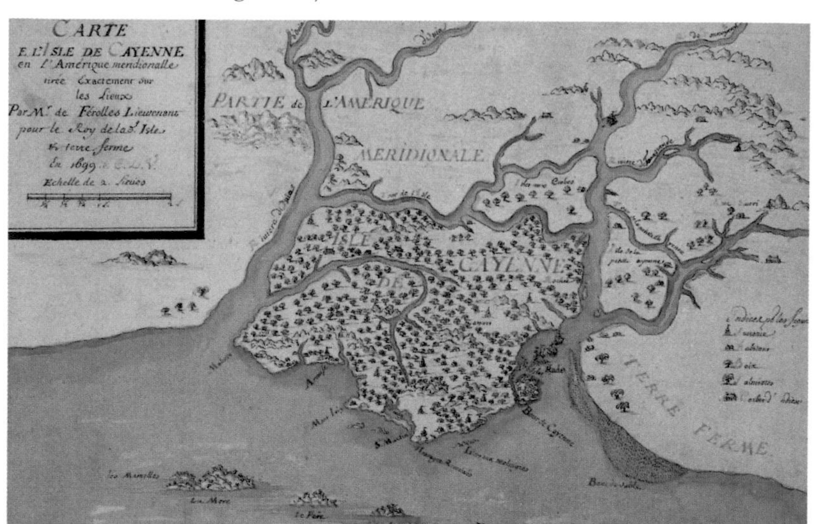

Pero hay algo aún mejor: Richer ha descubierto algo inesperado. Al ajustar los relojes (a partir de ciertos puntos astronómicos), constata que el batido del mismo péndulo es más lento en Cayena que en París.

Este descubrimiento, confirmado en 1682 por una misión enviada por Cassini a las islas de Cabo Verde y a las Antillas, desempeñará un papel muy importante en los debates, que suscitará la teoría de la gravitación.

Pero antes, las mediciones de Richer van a tener una repercusión inesperada.

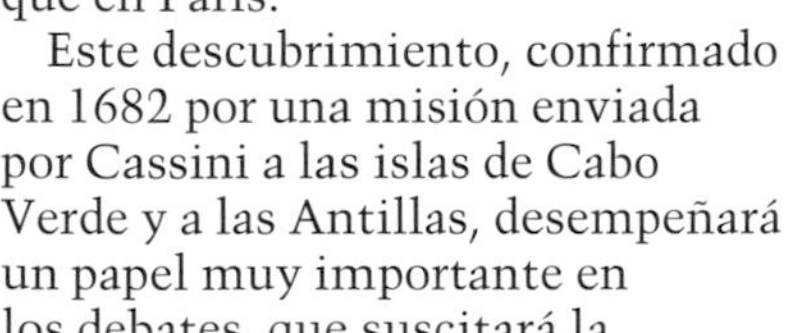

OBSERVATIONS
ASTRONOMIQUES
ET PHYSIQUES
FAITES
EN L'ISLE
DE CAÏENNE.

Richer pasa casi dos años en Cayena con muchos instrumentos y un excelente equipo humano: el número de resultados obtenidos en todos los campos es considerable.

Al conocer la distancia Sol-Tierra, Roemer consigue medir, por primera vez, la velocidad de la luz

En esa época, no se está todavía seguro de que la luz tenga una velocidad finita o, como se decía entonces, un «desplazamiento sucesivo». ¿Es posible que su desplazamiento sea instantáneo? De todos modos, aunque Galileo no ha conseguido zanjar el problema con sus linternas, ha demostrado por lo menos que si la velocidad de la luz es finita, sin duda es muy alta. Para poderla calcular es, pues, necesario ser capaz de medir intervalos de tiempo muy cortos, o estudiar su desplazamiento en distancias extraordinariamente grandes, es decir, astronómicas.

Instalado en el Observatorio gracias a Picard, Roemer estudia las famosas tablas de los satélites de Júpiter, que muestran una irregularidad periódica en los eclipses originados por el planeta. Se producen con seguridad a intervalos regulares, pero, los momentos en que se observan «se adelantan» durante seis meses y «se retrasan» durante los otros seis, y la diferencia máxima en seis meses de intervalo alcanza 16 minutos.

Roemer se percata de que los tiempos anotados no son, en realidad, aquellos en los que se produce el eclipse, sino los de cuando éste se ve en la Tierra.

Si la luz emplea un determinado tiempo en llegar de Júpiter a la Tierra, hay un desfase entre esos dos instantes que varía con la distancia entre ambos planetas. Cuando éstos se encuentran al mismo lado del Sol, la luz debe recorrer una distancia menor que cuando se hallan en lados opuestos. ¿Cuál es el valor de dicha distancia? El diámetro de la órbita de la Tierra. Richer ha medido este valor: son 300 millones de kilómetros. Si esta distancia es la causa de una diferencia de 16 minutos, es decir, unos 1.000 segundos, entonces la luz recorre 300.000 kilómetros por segundo.

De hecho, debido a diversas inexactitudes, el valor que determina Roemer es de 200.000. No importa: el orden de magnitud es correcto y, sobre todo, se ha demostrado que la luz presenta un «desplazamiento sucesivo».

Visto en perspectiva, no nos podemos extrañar de que Galileo, con sus linternas, no pudiera zanjar la cuestión: situadas a una distancia de una decena de kilómetros, ¡el tiempo que intentaba medir era del orden de algunas cienmilésimas de segundo! Pero, en el fondo, se le debe en parte que la medición se

Nacido en 1644 en Aarhus, Dinamarca, Olaus Roemer fue ayudante del profesor encargado de editar los cuadernos con las observaciones de Tycho. Resulta, pues, natural que colaborase con Picard con ocasión de su misión en las ruinas de Uraniborg. Al volver Picard a París, lo acompaña y trabaja diez años con él, perfeccionando sensiblemente diversos instrumentos. De regreso a su país, construye numerosos instrumentos, entre ellos un telescopio meridiano en el que se inspiran numerosos instrumentos modernos.

llevara a cabo: él fue el descubridor de los famosos satélites de Júpiter y el que comenzó a observar sus eclipses.

Roemer publica sus resultados en 1675, apenas ocho años después de que «los señores académicos» trazaran el meridiano sobre el terreno del «Grand Regard». ¡Los astrónomos parisinos no han perdido el tiempo!

«Al mismo tiempo, me propongo explicaros el nuevo tipo de telescopio inventado por Isaac Newton, profesor de matemáticas en Cambridge. Todo lo que os diré, por ahora, es que, una vez examinado, se trata de un telescopio de unas seis pulgadas.» De este modo, en enero de 1672, el secretario de la Royal Society informa a Huyghens dc la existencia de Newton.

CAPÍTULO 3

DEL TELESCOPIO A LA GRAVITACIÓN

Después de la guerra civil, la peste y el incendio que destruyó la mitad de sus casas antiguas, Londres renace literalmente de sus cenizas a partir de 1667.

Huyghens es, sin duda, el corresponsal más famoso de Henry Oldenburg, el secretario de la Royal Society, pero no es en modo alguno el único: uno de los deberes más importantes de su cargo es mantener una correspondencia regular con varias decenas de sabios de todos los países.

Sin embargo, es una tradición que pronto se va a perder, en primer lugar porque el número de sabios aumenta rápidamente, pero también debido a que empiezan a aparecer las primeras revistas científicas: *Philosophical Transactions of the Royal Society*, en 1664, y el *Journal des sçavans*, en 1665.

De hecho, será el propio Oldenburg quien dirigirá la publicación de la *Philosophical Transactions* desde el número 1 (que aparece en 1664) hasta el 136 (junio de 1677). Sin embargo,

PHILOSOPHICAL
TRANSACTIONS:
GIVING SOME
ACCOMPT
OF THE PRESENT
Undertakings, Studies, and Labours
OF THE
INGENIOUS
IN MANY
CONSIDERABLE PARTS
OF THE
WORLD

Vol I.
For *Anno* 1665, and 1666.

In the *SAVOY*,
Printed by *T. N.* for *John Martyn* at the Bell, a little without *Temple-Bar*, and *James Allestry* in *Duck-Lane*, Printers to the *Royal Society*.

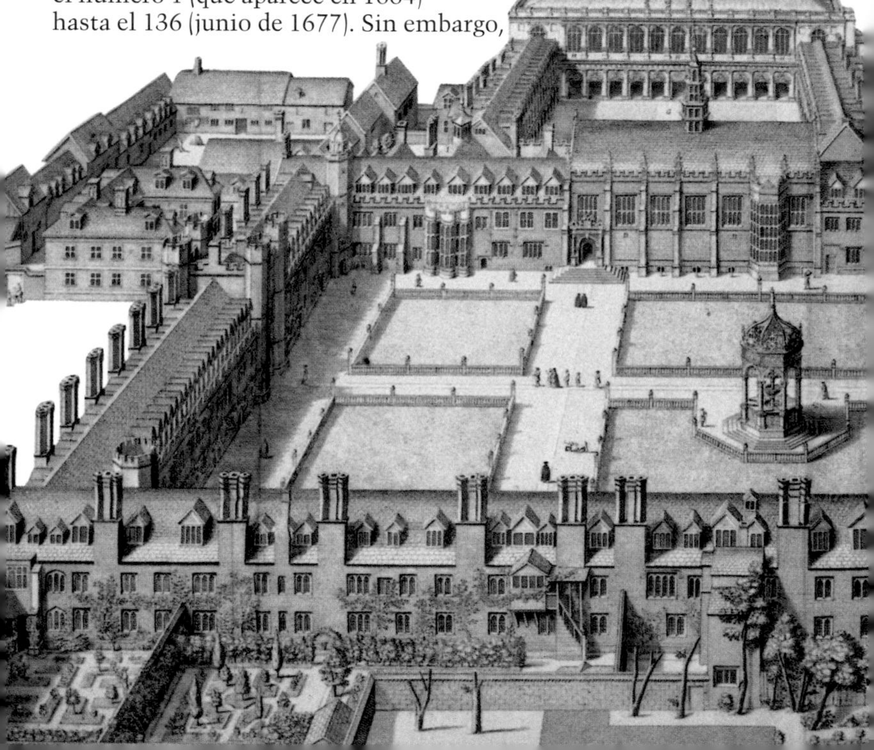

y a pesar de estas publicaciones, la correspondencia personal conservará todavía su importancia durante mucho tiempo.

De hecho, la correspondencia y las publicaciones no tienen como único objeto informar al gran público, sino que también sirven para «homologar» un descubrimiento, para oficializarlo, para hacer pública en cierto modo la paternidad del mismo. Así, el telescopio del que se da noticia a Huyghens en 1671 viene descrito unas semanas más tarde, y en latín, en *Philosophical Transactions*. Hacía entonces poco más de un año que Newton lo había sometido al examen de la Royal Society: en concreto a finales de 1669, cuando es nombrado profesor en Cambridge.

LE
IOVRNAL
DES
SÇAVANS
Du Lundy V. Ianvier M. DC. LXV.
Par le Sieur DE HEDOVVILLE.
A PARIS,
Chez IEAN CVSSON, ruë S. Iacques, à l'Image de S. Iean Baptiste.
M. DC. LXV.
AVEC PRIVILEGE DV ROY.

Las revistas científicas nacen casi al mismo tiempo en Londres y en París: *Philosophical Transactions* se anticipa unos meses a *Journal des sçavants*.

La Universidad de Cambridge en 1690 (y, por lo demás, también en la actualidad) parece una combinación de varios conventos, a la que se hubiera anexionado toda una serie de austeras residencias señoriales. El conjunto está rodeado de césped y jardines que se extienden hasta el río Cam.

En otoño de 1669, se retira un importante profesor de matemáticas de Cambridge y propone a Newton para reemplazarlo

En ese momento, Newton tiene tan sólo veintisiete años. Debe esta recomendación a los trabajos que había realizado sobre cálculo. En efecto, no ha hablado a nadie de su teoría de los colores, y menos de la gravitación...

Sin embargo, casi en toda Europa, los progresos en el estudio del movimiento incitan a los matemáticos a inventar nuevos métodos para calcular, por ejemplo, la longitud de arcos de curva. Newton ha hecho ya importantes avances en su estudio de un método con dicho objeto, ampliamente divulgado, y ha hecho circular por Cambridge varias copias de su trabajo sobre el tema. El profesor Barrow queda admirado por el mismo y, al abandonar su cargo, basta su recomendación para que se lo den al jovencísimo autor del estudio.Newton, que ha tomado posesión de su cargo, por fin goza de cierto reconocimiento. ¿Publicará sus teorías de los colores? Todavía no. Parece que habla de ella a sus estudiantes en el marco de sus cursos, pero no está listo para presentarla a la comunidad científica. Antes quiere que ésta lo reconozca por un descubrimiento, o por un invento, que «hable por sí mismo»: tan pronto como es nombrado profesor en Cambridge presenta su telescopio a la Royal Society.

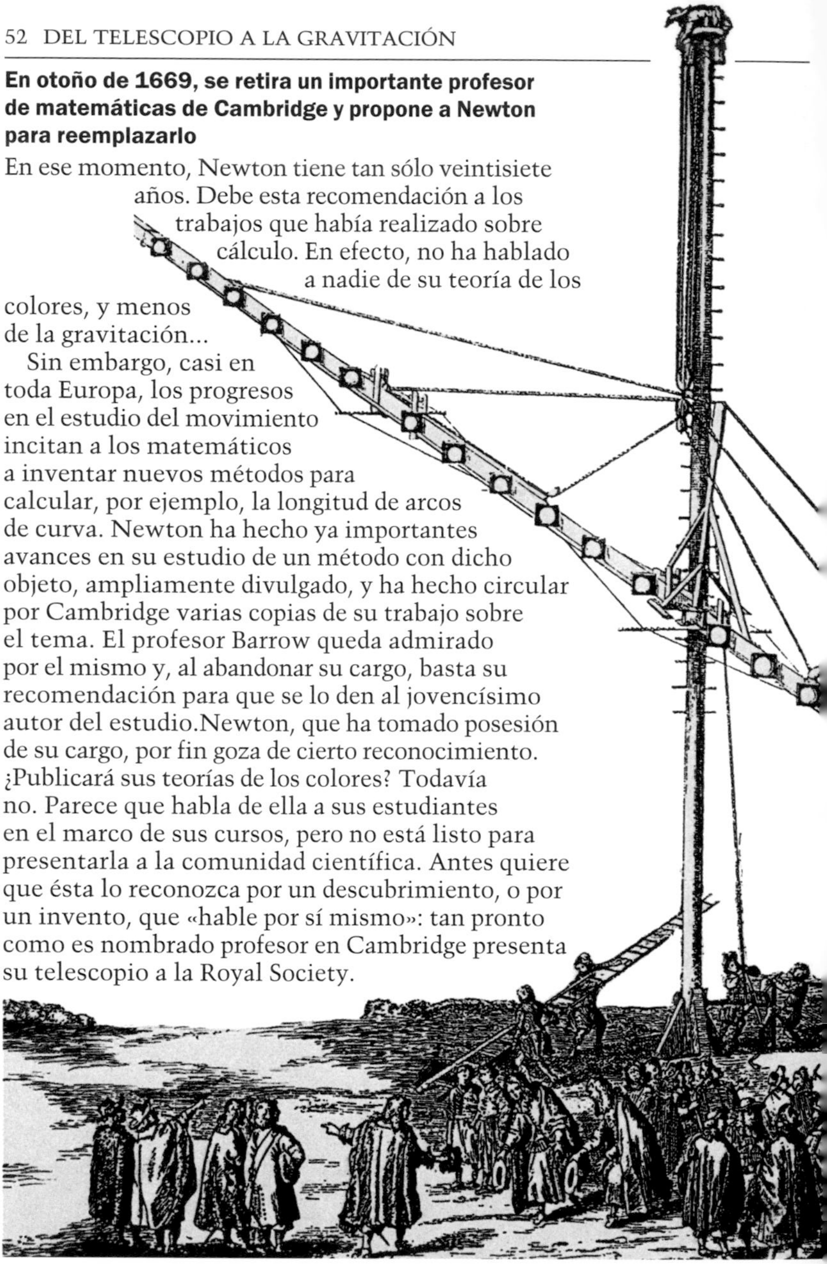

Si Newton ha construido el primer telescopio reflector es porque está convencido, erróneamente, de que su teoría de los colores desahucia al telescopio astronómico refractor

De hecho, ha demostrado que la luz blanca es una mezcla de luces de colores que son desviadas de un modo diferente por los prismas. Este fenómeno se produce siempre que la luz atraviese la superficie de un trozo de cristal, y en particular, una lente; por tanto, el objetivo de un telescopio refractor dará siempre imágenes irisadas. De hecho, se encontrará muy pronto una manera no de anular este fenómeno, pero sí de hacerlo despreciable, acoplando dos lentes de cristales de diferente composición. Pero Newton, convencido de que esto es imposible, busca una solución radical: ¡eliminar el objetivo! En el telescopio reflector reemplaza la lente por un espejo, que no tiene el riesgo de dispersar los colores de la luz. El problema es que, con el telescopio reflector, la imagen se forma delante del espejo. Lo ideal sería meter la cabeza por delante del tubo, pero entonces no podría entrar la luz. Es necesario buscar la manera de sacar la imagen del tubo, lo que da lugar a diferentes modelos.

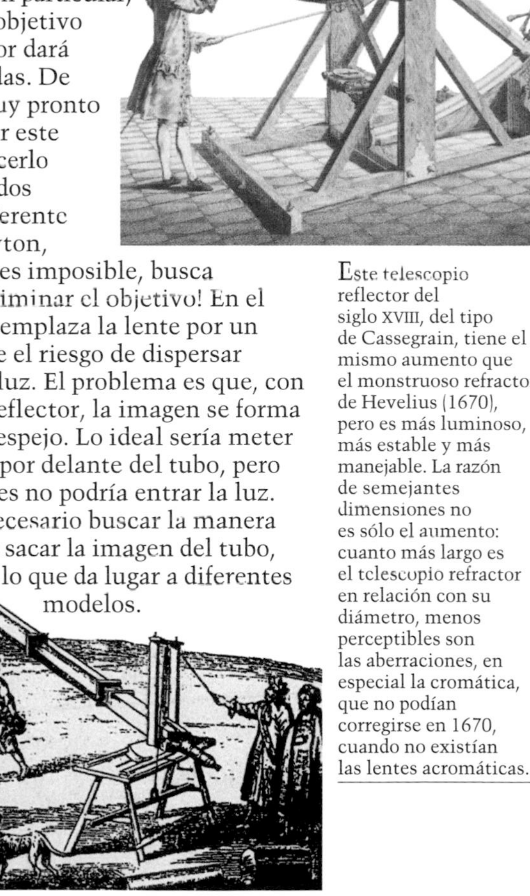

Este telescopio reflector del siglo XVIII, del tipo de Cassegrain, tiene el mismo aumento que el monstruoso refractor de Hevelius (1670), pero es más luminoso, más estable y más manejable. La razón de semejantes dimensiones no es sólo el aumento: cuanto más largo es el telescopio refractor en relación con su diámetro, menos perceptibles son las aberraciones, en especial la cromática, que no podían corregirse en 1670, cuando no existían las lentes acromáticas.

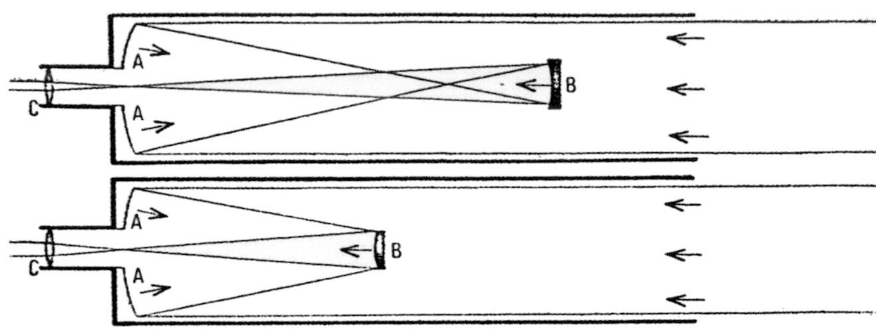

Gregory y Cassegrain son los primeros en proponer un pequeño agujero en el centro del gran espejo para reenviar el haz hacia atrás mediante un pequeño espejo situado en el interior del tubo. Para el modelo de Gregory, este pequeño espejo debe ser elíptico, y para el de Cassegrain, hiperbólico, pero en esa época no cuentan con los medios necesarios para hacerlos.

Newton tiene la idea de no reenviar el haz hacia atrás, sino hacia un lado del tubo. Para ello basta un pequeño espejo plano situado en el eje del tubo inclinado 45 grados. Con ello, el telescopio resulta factible; en la actualidad, aunque los grandes telescopios reflectores son del tipo diseñado por Cassegrain, la mayor parte de los utilizados por los aficionados son del modelo de Newton.

Evidentemente, todavía hay dificultades. En primer lugar, los espejos son metálicos, y el metal es difícil de pulir y se empaña con facilidad. Por otro lado, el gran espejo debería ser parabólico, y sólo se sabe construirlos esféricos. La diferencia no es muy grande, pero sí lo suficiente como para que las imágenes aparezcan borrosas.

Newton procede a construir él mismo su propio instrumento, un pequeño telescopio reflector de unos veinte centímetros de longitud. Es precisamente su formato compacto lo que lo hace más atractivo: las imágenes son «¡nueve veces más grandes que con un telescopio refractor de una longitud cuatro veces mayor!».

Desde el momento en que la Royal Society publica su descripción (en latín, para dar a dicha publicación

En aquel momento, los telescopios de Gregory (*superior*) y de Cassegrain (*inferior*) solo existen sobre el papel: sus pequeños espejos curvos son demasiado difíciles de construir. Lo que seduce en primer lugar a los contemporáneos de Newton es el formato compacto de su instrumento. Y no sólo por la comodidad; cuanto más compacto es un instrumento, tanto más fácil es evitar las vibraciones. Ahora bien, una montura inestable afecta de tal modo las imágenes que una buena estabilidad resulta aún más importante que un gran aumento. En ese sentido, el pequeño tamaño del instrumento de Newton permite que se puedan hacer los desplazamientos en todas las direcciones de una manera muy elegante mediante una bola dispuesta sobre una copela y fijada mediante dos mordazas metálicas.

un carácter internacional), se habla de Newton en toda Europa. Oldenburg, que sirve de enlace de la correspondencia de la Royal Society, no cesa de transmitirle los comentarios y las preguntas de Huyghens, Auzout, Flamsteed, Hevelius, Gregory, etc., y de hacerles llegar sus respuestas. De la noche a la mañana, se ha hecho famoso.

El ajuste del telescopio reflector ya no se hacía desplazando el ocular, sino el objetivo con toda la parte posterior del tubo, mediante un tornillo fijado a ella.

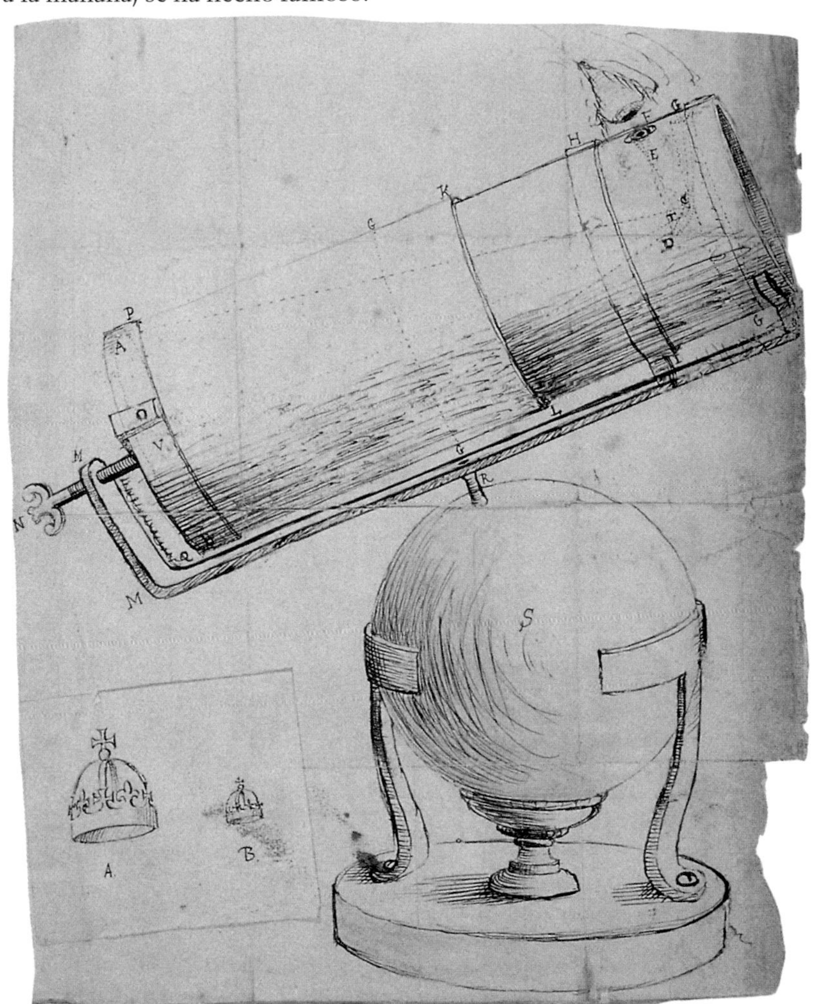

El 11 de enero de 1672, Newton es designado «miembro» de la Royal Society, justo en la sesión en la que conoce los detalles de la medición de la Tierra de Picard.

Newton ya no duda: desde el mes de febrero de 1672 publica, por fin, su teoría de los colores

Desde luego, lo hace mediante una larga carta a Oldenburg, que aparecerá publicada en el siguiente número de *Philosophical Transactions*. Es una misiva que empieza con el relato de la compra del prisma, del agujero en la ventana... Describe después en detalle el «experimento crucial», demuestra la necesidad del telescopio reflector y cita numerosos experimentos que prueban la exactitud de la teoría, que cualquiera puede reproducir a su gusto.

Oldenburg recibe esta misiva la mañana del mismo día en que tiene lugar una sesión pública de la Royal Society. Esta sesión se dedica casi íntegramente a leer y comentar la carta de Newton. La asamblea le dedica un prolongado aplauso y decide la publicación inmediata una vez que tres miembros, designados al efecto, hayan reproducido los experimentos descritos por Newton.

Entre ellos están, evidentemente, los dos físicos más importantes de la Royal Society, Boyle y Hooke. Este último ya había publicado un esbozo de teoría ondulatoria de la luz. En su carta, Newton subraya que su teoría de los colores no se apoya en un modelo particular de la naturaleza ondulatoria o corpuscular, si bien señala sus preferencias por la segunda hipótesis. También Hooke, aunque reconoce el inmenso interés de los experimentos de Newton, rechaza admitir la interpretación que éste hace de los mismos. Termina su informe diciendo que no quisiera nada mejor que dejarse convencer si Newton presentara un argumento decisivo y que, de todas maneras, el problema de los colores es uno de los más interesantes.

Entre 1667 y 1672, Newton continúa sus investigaciones sobre los colores y acumula argumentos a favor de su teoría que suscitan algunas reticencias, pero ninguna contradicción seria.

Wilhelm Leibniz (1646-1716), filósofo, teólogo, historiador y jurisconsulto, pero también, y quizá sobre todo, matemático, desarrolla, al mismo tiempo que Newton, el cálculo infinitesimal, y de un modo llamado a tener un futuro más brillante que el utilizado por el sabio inglés.

Lo que Newton temía, la oposición de un miembro eminente de la comunidad científica, no se ha hecho esperar

Es posible que las cosas pudieran haber seguido un cauce más amistoso, pero lo cierto es que Oldenburg tenía ojeriza a Hooke y no pudo evitar la tentación de echar más leña al fuego. Newton contesta a Hooke en un tono casi arrogante, y los dos hombres serán, a partir de ese momento, adversarios irreconciliables. Newton reconsidera su decisión de publicar sus ideas

El observatorio de Greenwich domina el estuario del Támesis. Sin hacerle realmente la competencia al observatorio de París desde el punto de vista astronómico, lo acabará suplantando en lo relativo a la navegación: el meridiano de Greenwich (GMT: Greenwich Meridian Time) es el que sirve hoy en día de referencia mundial.

sobre la gravitación. Incluso jura, como el cuervo de la fábula, que no lo hará más, que no publicará nunca nada más. Se encierra en su fortaleza del Trinity College en Cambridge, de la que prácticamente ya no saldrá. Pero su reputación es tal que incluso este retiro se hace sentir: ¿qué maravilla matemática estará elaborando Newton en silencio?

Algo se puede intuir gracias a una controversia (siempre mediante cartas a Oldenburg) con el gran matemático alemán Leibniz. Ambos están sentando las bases del cálculo infinitesimal, si bien de maneras diferentes.

Al mismo tiempo, Newton acepta todavía debatir sobre las cualidades del telescopio reflector, en especial con Huyghens. Éste trabaja, como Hooke, en una teoría ondulatoria de la luz y está, por supuesto, más avanzado que el físico inglés.

Aunque debidamente informado por Oldenburg desde el mes de marzo de la teoría de los colores de Newton, Huyghens hace oídos sordos, y en su respuesta no habla de nada más que del telescopio.

Ambos quedan en buenos términos. En 1673, Huyghens envía a Newton su tratado sobre la mecánica del péndulo, *Horologium oscillatorium*, y Newton, a modo de agradecimiento, se propone informarle del estado de sus trabajos sobre los arcos de curva.

Esta respuesta de Newton tendrá, diez años más tarde, una consecuencia inesperada y de una considerable importancia: es, indirectamente, la que da pie a las relaciones entre Newton y el único sabio que le inspirará confianza, quien lo convencerá de publicar, por fin, su teoría de la gravitación: Edmond Halley.

John Flamsteed (1646-1719) urge al rey Carlos II para que funde el observatorio de Greenwich (1676), del que será director. Aparte de numerosos trabajos sobre instrumentación y una importante aportación a la cartografía (proyección de Flamsteed), es conocido sobre todo por su catálogo estelar, el primero de la astronomía moderna, que registra cerca de 3.000 estrellas.

Astrónomo profesional, gran viajero, sociable y de una actividad desbordante, Halley es el polo opuesto del solitario Newton

La Universidad de Oxford tiene un carácter bucólico, y la torre del Magdalen College se alza entre los árboles. De todos modos, las vacas están un poco más lejos.

Catorce años más joven (nació en 1656), protagoniza una carrera aún más rápida que la de Newton, pero únicamente desde el punto de vista de la astronomía. Cabe hacer notar que la época se presta a ello: en 1675, como hiciera Luis XIV ocho años antes, y para no quedarse atrás, el rey de Inglaterra, Carlos II, funda el observatorio de Greenwich y nombra «astrónomo real» a John Flamsteed, quien se dedica a confeccionar un catálogo de estrellas.

En 1676, Halley, apasionado de la astronomía y alentado por su padre, rico y culto, interrumpe sus estudios en Oxford a los veinte años y se va a pasar dos años a Santa Elena. Quiere hacer un catálogo de las estrellas del hemisferio sur, aún muy poco conocido y que completará el de Flamsteed.

Por otra parte, tal como había hecho Richer en Cayena, constata que el péndulo bate más lentamente en Santa Elena que en Europa. Cuando regresa a Inglaterra, en 1678, pasa los exámenes y no tarda en ingresar en la Royal Society. Tiene tan sólo veintidós años.

Su edad no es obstáculo para que sea enviado a Danzig a tratar de resolver una querella de Hevelius con Hooke. En 1680 y 1681, viaja a Francia e Italia, se encuentra con Cassini y los demás astrónomos del Observatorio, y compara con

ellos sus observaciones del cometa de 1680. Y es que el tiempo de los cometas ha llegado.

En 1680, y después en 1682, dos cometas espectaculares conmocionan a la comunidad astronómica

Estos cometas plantean con urgencia el problema de la mecánica celeste que ya se había suscitado con el de 1664. Cada año aparecen diversos cometas, pero la mayoría son imperceptibles, a no ser que se disponga de los instrumentos más perfeccionados. Además, pueden transcurrir años sin que aparezca un cometa. En el siglo XVII, no se había presentado ninguno entre 1618 y 1664, pero valió la pena esperarlo: visible en toda su brillantez a simple vista seis semanas, se pudo ver durante varios meses utilizando instrumentos rudimentarios. Todos los astrónomos de Europa lo siguieron noche tras noche: Auzout en Francia, Cassini en Roma, Huyghens en Holanda, Hevelius en Danzig y Hooke en Inglaterra. Incluso el joven Newton trata el tema en sus cuadernos.

Una de las cuestiones que todo el mundo se plantea es la trayectoria de los cometas. ¿Describen círculos como creía Tycho Brahe, o líneas rectas como sostenía Kepler? Para él, la trayectoria curva lo era sólo en apariencia, debido al movimiento de la Tierra alrededor del Sol. El cometa de 1664 dará respuesta a esta pregunta, y suscitará otras, todavía

El problema del cartógrafo estelar es que debe pasar incesantemente de la observación del cielo nocturno a su hoja de papel, y que si ésta se halla bien iluminada, necesitará algunos minutos para que el ojo se vuelva a adaptar a la débil luz de las estrellas. La solución reside en iluminar el papel lo menos posible y con luz roja, menos perjudicial desde este punto de vista: ¿qué mejor que un brasero bien cargado de brasas rojas? Este sistema presenta, además, la ventaja adicional de proporcionar un agradable calor, que se aprecia más bien entrada la noche...

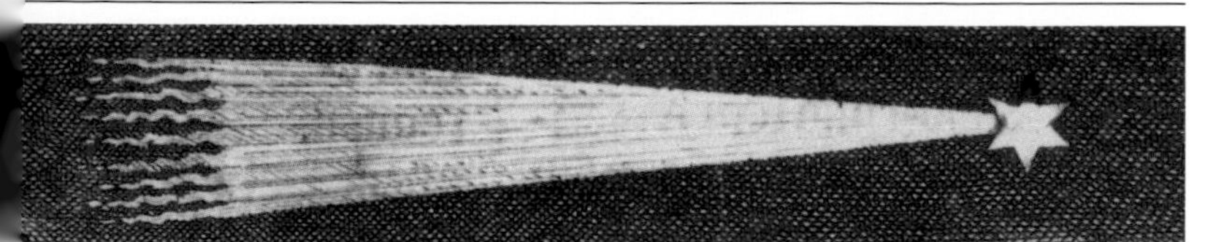

más importantes. En primer lugar, está claro que la trayectoria es realmente curva. Hevelius sugiere que podría tratarse de un arco de elipse. Por otra parte, se piensa por primera vez que esta trayectoria podría ser cerrada, es decir, que el mismo cometa podría volver a aparecer a intervalos regulares.

El primero en hacer pública esta idea es el astrónomo francés Pierre Petit en su *Dissertation sur la nature des comètes* (1665), donde sugiere que el cometa de 1664 podría ser el mismo que el de 1618. Hooke parece tener la misma idea y la presenta en marzo de 1665 en el curso de una conferencia sobre el cometa. El papel histórico de este último no se detiene aquí. Sin duda es el origen de la creación del observatorio de París, ya que llamó la atención de todos, incluso de la corte: Petit, de hecho, dedicó su *Dissertation* a Luis XIV, y ése es el momento aprovechado por Auzout para defender la creación de un observatorio.

Por último, y quizá por encima de todo, se trata de un cometa «retrógrado», que gira alrededor del Sol en sentido contrario al del gran vals de los planetas y sus satélites. Dicho de otro modo, toma a contracorriente los «vórtices» de Descartes y plantea de nuevo el problema de la causa de los movimientos celestes. El todavía estudiante Newton habla de este cometa en sus cuadernos: quién sabe si contribuiría, junto con

Los cometas fueron, durante mucho tiempo, precursores de catástrofes y se les confería un aspecto aterrador: serpientes, llamas, espadas de fuego, etc. En efecto, la humanidad no ha perdido nunca la costumbre de ver en el cielo un tablero negro en el que los dioses escriben sus mensajes. Dado que aparecían de repente, los cometas debían ser mensajes muy urgentes, es decir, el anuncio de una catástrofe inminente. Y como era raro el año en el que no se presentara una sequía, una hambruna, una inundación o una epidemia, la desgracia anunciada no dejaba de producirse.

Aspecto del cometa de 1664 el 24 de diciembre en Nuremberg.

la famosa manzana, a dar forma a sus reflexiones de ese mismo año sobre la gravitación.

De todos modos, si cabe hacerse esta pregunta sobre Newton, no es necesario en el caso de los astrónomos a los que los cometas, con veinte años de intervalo entre ellos, ponen sobre la pista de la atracción universal: Hooke y Halley.

Hooke, con motivo del cometa de 1664, y Halley, como consecuencia del de 1680, proponen la noción de «atracción universal», pero con diferencias entre sí

Aunque, como el resto de los sabios de su época, estudia temas muy variados, Hooke es, ante todo, un «mecánico». La ley física de la elasticidad que lleva su nombre trata de la fuerza de los resortes. Posiblemente por esta causa busca en dispositivos mecánicos los modelos de la atracción entre los cuerpos del Sistema Solar.

Ahora bien, hay un sencillo dispositivo que permite describir elipses (como las órbitas de los planetas) como consecuencia de una atracción hacia un centro: un sencillo péndulo. Si se separa de esta última, y se suelta, oscila siguiendo un arco de círculo de un lado a otro de esa posición de equilibrio. Pero si, una vez

Cuatro cometas dibujados por Johannes Hevelius, cervecero, alcalde de Danzig y todo un apasionado de la astronomía, afición que compartía su esposa. A él se le deben varios instrumentos y numerosas observaciones, en especial sobre Saturno y los cometas.

separado de esta última se le da un impulso lateral en lugar de dejarlo caer sin velocidad, describe alrededor de su centro una curva casi elíptica, que puede llegar a ser perfectamente circular si el impulso se calcula de forma adecuada. Hooke estudia este sistema e incluso intercambia algunas cartas con Newton, quien le responde con evasivas. Este modelo no es del todo satisfactorio, ya que el «centro de atracción», es decir, la posición de equilibrio del péndulo, se halla en el centro de la elipse, en lugar de ocupar un foco, como lo hace el Sol en las órbitas de los planetas. A pesar de ello, Hooke se apoya en ese modelo para imaginar una atracción inversamente proporcional a la distancia: un cuerpo situado a una distancia doble es atraído con una fuerza dos veces menor.

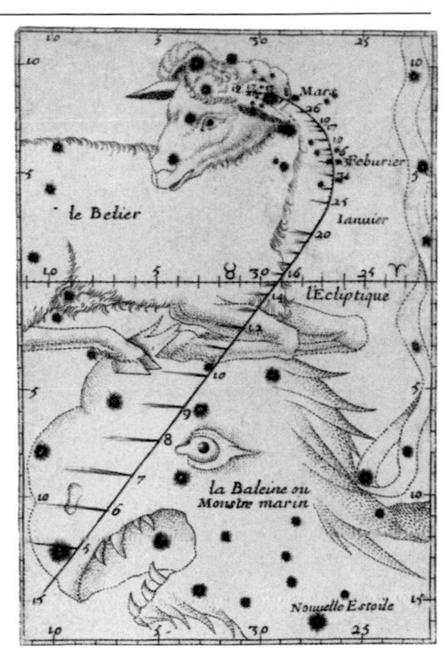

La trayectoria aparente de un cometa representada en *Dissertation sur la nature des comètes* de Pierre Petit (1665). Las observaciones sucesivas permiten seguir de un día a otro el desplazamiento del cometa con relación a las constelaciones, así como el tamaño y la dirección de su cola. Pero lo esencial de esta trayectoria corresponde a una serie de días, una ínfima porción de su órbita, por lo que es difícil determinar su forma de conjunto.

Halley, a la vista de otros cometas, se plantea también el problema de la atracción, pero lo hace a partir de la tercera ley de Kepler. Ésta establece una relación entre las dimensiones de las órbitas de los planetas y el tiempo que éstos emplean en recorrerlas (el cubo de la longitud del semieje mayor es directamente proporcional al cuadrado del tiempo).

Si se acepta que las órbitas sean círculos, lo que no es un error muy grande, Halley demuestra que esta ley se corresponde bien con una atracción del Sol sobre los planetas que es inversamente proporcional al cuadrado de la distancia: un cuerpo situado a una distancia doble será atraído con una fuerza cuatro veces menor.

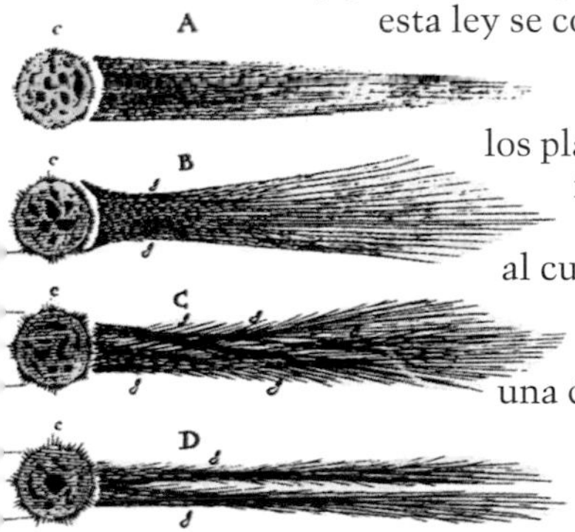

¿Este tipo de atracción explicaría la más importante de las leyes de Kepler, la que asigna órbitas elípticas a los planetas? Halley intenta demostrarlo sin conseguirlo; lo trata con Hooke y con otros colegas,

El cometa de 1680 en Nuremberg: el artista se ha dejado llevar por la emoción...

que tampoco le pueden ayudar. Finalmente, en agosto de 1684, se decide a plantear el problema a aquel de quien se dice que sabe más que nadie sobre las curvas y sus propiedades: Isaac Newton.

Por brillante que fuera el cometa, nunca habría podido iluminar de este modo el paisaje.

En el mes de agosto de 1684, Halley visita Cambridge para presentar a Newton un problema que no puede resolver, y que deja perplejos a los demás miembros de la Royal Society. Entonces, Newton le enseña una solución completa a este problema que puso por escrito unos cuantos años antes. Ya no queda duda: todos los movimientos del Sistema Solar se pueden explicar mediante una sola ley, la de la gravitación. Sólo falta convencer a Newton de que la publique.

CAPÍTULO 4

LA GRAVITACIÓN UNIVERSAL

En los *Principia*, Newton publica los trabajos realizados durante veinte años en todos los campos de la mecánica.

De este modo, después de varios años, Newton ha completado totalmente el programa matemático que se había fijado desde 1665-1666, «el año maravilloso». Los métodos que ha desarrollado le permiten extender a las elipses los cálculos que entonces podía hacer con los círculos. Éstos, con la sola hipótesis de la atracción universal, le permiten demostrar las leyes de Kepler, hasta la más sencilla descripción del movimiento observado de los planetas. Halley queda totalmente deslumbrado.

Los métodos matemáticos de Newton le permiten demostrar, asimismo, lo que antes había debido admitir con relación a una gran esfera: que ésta actúa como si toda su masa estuviera concentrada en su centro. De este modo, para la caída de la manzana, lo que cuenta es la distancia al centro de la Tierra. Además, esta distancia, que es el radio del planeta, se conoce ya con precisión.

Gracias a las mediciones de Picard, Newton puede verificar la precisión de su ley

PAR MR. L'ABBE' PICARD.

Circonférence de la Terre.	
Toises de Paris.	20541600
Lieuës de 25 au degré.	9000
Lieuës de Marine.	7200
Diametre de la Terre.	
Toises de Paris.	6538594
Lieuës de 25 au degré.	2864
Lieuës de Marine.	2291

Para su cálculo aproximado de 1666, comparando la manzana y la Luna, Newton sólo disponía de una estimación muy poco exacta del radio de la Tierra. Cinco años más tarde, Picard lo medía con precisión, pero Newton no tuvo conocimiento de este resultado hasta 1682, y eso que era muy importante para él.

Tanto que, de hecho, su leyenda incluye aquí una anécdota casi tan bella como la de la manzana. Tan pronto como conoció aquel resultado, Newton se habría precipitado a su escritorio para rehacer su cálculo de la manzana y la Luna con este nuevo valor del radio terrestre. Sin embargo, el cálculo

Es curioso el hecho de que Newton no tuviera conocimiento de los resultados de Picard hasta varios años después de su publicación. De hecho, solía mantenerse al corriente de las conclusiones publicadas por los franceses, y muy pronto conoció el «acortamiento» del péndulo que bate segundos en el ecuador, constatado por Richer en Cayena, y verificado más tarde (1681-1682) por una expedición enviada con tal fin por la Academia a Cabo Verde y las Antillas. Esta expedición tenía también por objeto determinar con precisión las longitudes de estos lugares, conocidas hasta entonces de un modo poco preciso, y que eran necesarias para el trazado de cartas geográficas fiables.

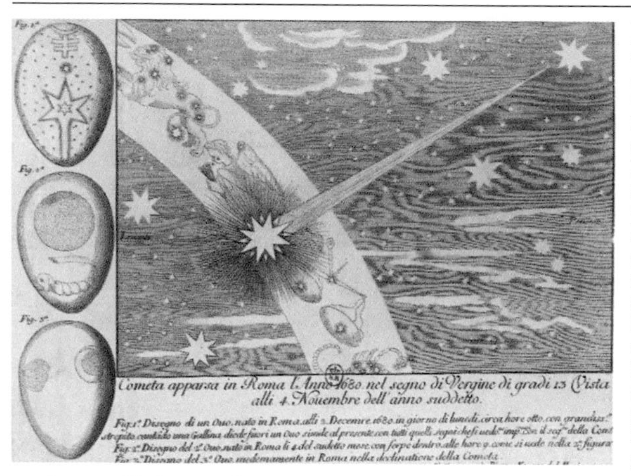

La aparición en la constelación de Virgo del cometa de 1680 viene acompañada en Roma de fenómenos extraordinarios. Las gallinas ponen con cantos estridentes y los huevos llevan signos misteriosos con relación al desplazamiento del cometa. De cada huevo se registran escrupulosamente la fecha y hora de la puesta. Como muestra este grabado, las creencias en los poderes misteriosos de los cometas están todavía muy vigentes en 1680. Obsérvese, en particular, la referencia de la posición con relación a las constelaciones del zodíaco, en las que se basan en la actualidad las supersticiones astrológicas.

se desarrollaba tan favorablemente, las cifras se mostraban tan acordes para darle la razón que, demasiado emocionado para terminarlo, tuvo que pedir a un amigo que lo acabara.

De todos modos, desde 1682, la manzana y la Luna confirman con gran precisión la hipótesis de una atracción inversamente proporcional al cuadrado de la distancia.

Al parecer, tras los grandes cometas de 1680 y 1682, Newton se vuelve a dedicar a la astronomía

Escribe varias cartas a Flamsteed, el astrónomo real, para pedirle sus tablas de observación de estos cometas, así como a Cassini, en el observatorio de París. Ahora bien, el cometa de 1680 presenta un movimiento mucho más curvado que el de 1664, hasta el punto de que los astrónomos se preguntan si no se trata de dos cometas diferentes, uno en diciembre de 1680 y el otro en enero de 1681.

Evidentemente, se plantea el interrogante de las causas de dicho movimiento. Flamsteed, en una carta a Newton, sugiere que existen una atracción y una repulsión magnéticas ejercidas sobre el cometa en cada vuelta por los dos polos del Sol. Newton le hace notar que un imán calentado al rojo pierde sus características, por lo que duda del carácter magnético de la atracción del Sol sobre el cometa. Por otra parte,

rechaza que esa acción pueda ser repulsiva en algún momento. Parece más dispuesto a aceptar la idea de que se trata de dos cometas diferentes.

Como se puede ver, el cometa está en el centro de todos los debates. Sin embargo, en 1682 se presenta un cometa aún más brillante, que evidentemente, es estudiado desde su aparición con un cuidado extremo. Para este cometa, que más tarde se conocerá como el «cometa Halley», los elementos de su trayectoria son lo bastante precisos como para realizar cálculos con ellos y proporcionar, más tarde, una verificación adicional de la teoría de Newton.

En los jardines del Observatorio, Cassini escruta el cometa de 1682, que más tarde será bautizado como el «cometa Halley». El vivo interés que muestran los personajes, así como la presencia entre ellos de varias damas, revela que incluso en este ambiente científico la carga emocional de los cometas tiene su importancia.

Newton, que guardaba para sí sus extraordinarios descubrimientos, se deja convencer por Halley para hacerlos de dominio público

Entre las causas de este súbito cambio de actitud, la más importante, sin duda, es la amistad que nace entre estos dos hombres: por primera vez en su vida, Newton confía en alguien. Y debemos añadir inmediatamente que esta confianza no se vio jamás frustrada.

Sin embargo, Newton se da cuenta también de que ha llegado el momento de divulgar sus descubrimientos si no quiere correr el riesgo de que alguien se le adelante. Está claro que Halley está sobre la pista de una atracción inversamente proporcional al cuadrado de la distancia y, por lo que cuenta, Hooke también. Por otra parte, Leibniz, el gran rival de Newton en el campo de las matemáticas, acaba de publicar sus métodos de cálculo, ciertamente diferentes de los de Newton, pero igual de fructíferos, si no más.

Halley regresa a Londres, y Newton promete enviarle, antes de fin de año, una copia de las demostraciones que le ha revelado para que las pueda presentar a la Royal Society, en primer lugar para registrar oficialmente su existencia, y después para dar a conocer la publicación de una obra más voluminosa en la que Newton expondrá todos sus trabajos sobre mecánica y sus aplicaciones al movimiento de los astros.

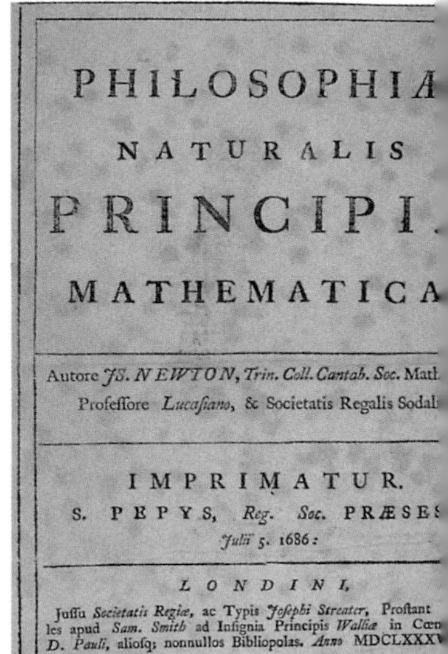
PHILOSOPHIÆ NATURALIS PRINCIPIA MATHEMATICA

Autore JS. NEWTON, Trin. Coll. Cantab. Soc. Math. Professore Lucasiano, & Societatis Regalis Sodali.

IMPRIMATUR.
S. PEPYS, Reg. Soc. PRÆSES.
Julii 5. 1686.

LONDINI,
Jussu Societatis Regiæ, ac Typis Josephi Streater, Prostant ... apud Sam. Smith ad Insignia Principis Walliæ in Cœm. D. Pauli, aliosq; nonnullos Bibliopolas. Anno MDCLXXXV...

Incluso antes de que Halley le informe de las reacciones favorables de la Royal Society, Newton acomete la redacción de sus *Principia*

En menos de dos años redactará los dos primeros volúmenes de su obra *Principia mathematica philosophiae naturalis* (la física recibe todavía el nombre de «filosofía natural»).

Estos dos volúmenes contienen toda su teoría, tanto la gravitación (en particular la demostración sobre la gran esfera) como las leyes generales que ha establecido para describir los movimientos y relacionarlos con las fuerzas que los ocasionan. Estas leyes, conocidas como «las leyes de Newton», regirán toda la mecánica durante más de dos siglos. Newton las aplica ya en todos los campos: los choques, el péndulo, los proyectiles, la resistencia del aire, el equilibrio de los líquidos, la propagación de las vibraciones, y en particular del sonido, etc. En resumen, la física, de repente, pasa de un estado balbuceante y deshilvanado a un conjunto ordenado, armonioso, casi arquitectónico. De la noche a la mañana, la niña traída al mundo por Galileo se hace adulta.

Newton reserva para un tercer volumen lo relativo a las aplicaciones de su teoría a los movimientos de todos los cuerpos celestes, incluidos, naturalmente, los cometas. Sin embargo, la redacción de los dos primeros volúmenes no le impide continuar trabajando: a finales de 1684 le pide a Flamsteed,

La edición original de los *Principia* (1686) con el *imprimatur* del presidente de la Royal Society, Samuel Pepys. Como se puede observar en la página inferior, la lectura resulta bastante ardua.

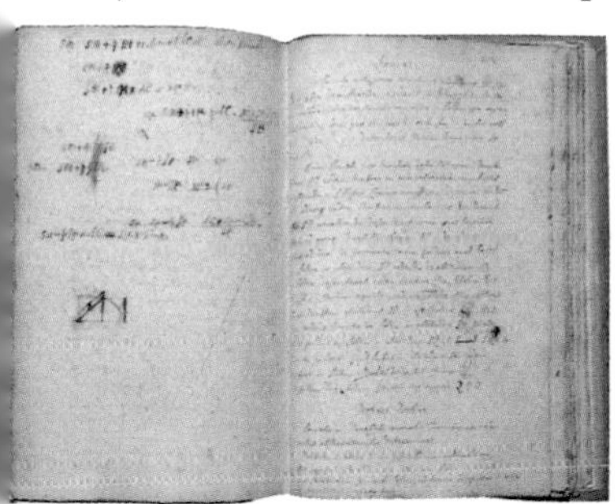

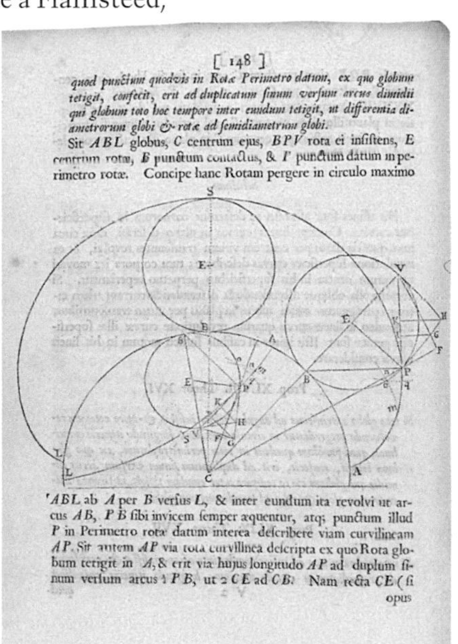

[148]

quod punctum quodvis in Rotæ Perimetro datum, ex quo globum tetigit, confecit, erit ad duplicatum sinum versum arcus dimidii qui globum toto hoc tempore inter eundum tetigit, ut differentia diametrorum globi & rotæ ad semidiametrum globi.

Sit *ABL* globus, *C* centrum ejus, *BPV* rota ei insistens, *E* centrum rotæ, *B* punctum contactus, & *P* punctum datum in perimetro rotæ. Concipe hanc Rotam pergere in circulo maximo

ABL ab *A* per *B* versus *L*, & inter eundum ita revolvi ut arcus *AB*, *PB* sibi invicem semper æquentur, atq; punctum illud *P* in Perimetro rotæ datum interea describere viam curvilineam *AP*. Sit autem *AP* via tota curvilinea descripta ex quo Rota globum tetigit in *A*, & erit viæ hujus longitudo *AP* ad duplum sinum versum arcus ½ *PB*, ut 2 *CE* ad *CB*. Nam recta *CE* (si

opus

aparte de los datos sobre el movimiento de los cometas, los informes sobre las dimensiones de las órbitas de los satélites de Júpiter y Saturno. Él mismo reconoce que, durante años, ha arrinconado la astronomía: ignora que Cassini ha descubierto Jápeto en 1671 y Rea en 1672, y, hasta donde sabe, Saturno tiene todavía un solo satélite, Titán, descubierto en 1656 por Huyghens, casi al mismo tiempo que la naturaleza real del anillo.

En el centro se pueden ver algunas páginas con correcciones del propio Newton en el manuscrito de los *Principia*.

Evidentemente, este tercer volumen es el que interesa más a los no matemáticos. Sin embargo, lo cierto es que estuvo a punto de no aparecer, y fue necesaria toda la diplomacia de Halley para que Newton aceptara publicarlo.

Edmond Halley (1656-1742) no es sólo quien logra que los *Principia* vean la luz, sino que sus aportaciones son considerables. En astronomía, aparte de su catálogo estelar del firmamento austral y sus estudios sobre los cometas, también descubrió el conglomerado globular de Hércules, y demostró, en 1718, el movimiento propio de las estrellas.

Newton dedica los *Principia* a la Royal Society, que recibe el manuscrito de los dos primeros volúmenes en abril de 1686

Muy pronto, la Royal Society decide encargar la impresión. Para que se pueda imprimir un libro, la ley inglesa de aquella época exige una autorización oficial (el *imprimatur*), que sólo pueden conceder muy pocas personas: el arzobispo de Canterbury, el obispo de Londres, los rectores de las universidades de Oxford y Cambridge y, por último, el presidente de la Royal Society.

La inmediata decisión de la Royal Society franquea el primer obstáculo a la publicación. Falta ahora encontrar el dinero necesario para la impresión, pues la institución carece de medios. Es el propio Halley quien, a pesar de los problemas personales originados por la muerte de su padre y un largo proceso por la herencia, se hace cargo de los gastos. Para convencer a Newton se había comprometido a ocuparse de todos los asuntos materiales, discusiones con el impresor, corrección de las pruebas, verificación de los cálculos y las figuras, etc. Entre tanto, asume también los riesgos financieros. Por tanto, es, desde todos los puntos de vista, el editor del libro, que presta, además, la máxima atención a los deseos del autor. El 7 de junio de 1686 envía a este último una prueba de la primera página para que dé su opinión sobre el

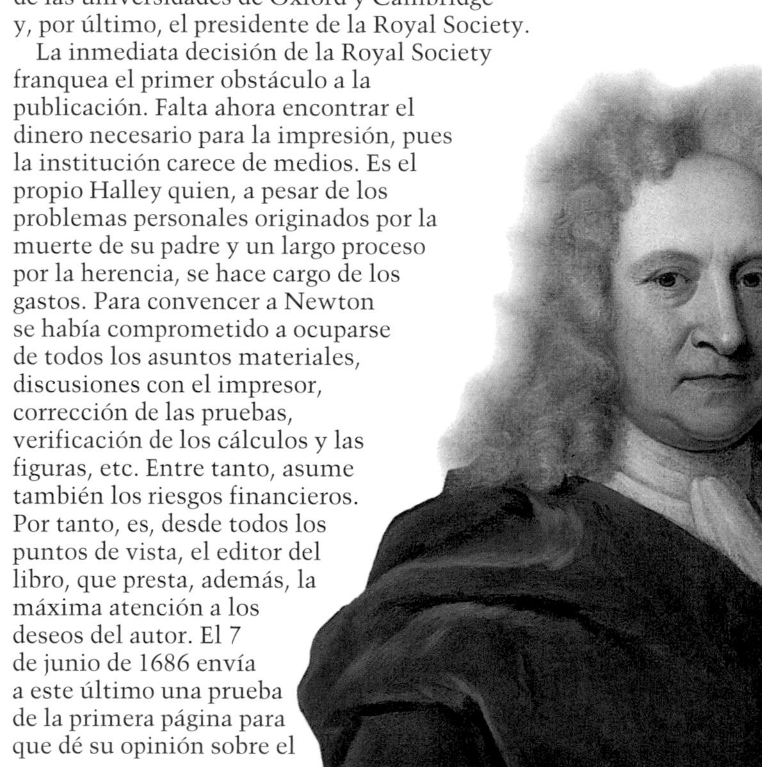

papel, la tipografía y las dimensiones de las figuras. De todos modos, en ese momento Newton está preocupado por otro asunto: Hooke reivindica la paternidad de la atracción universal.

Sus pretensiones no parecen ser tomadas muy en serio, salvo, evidentemente, por Newton, quien, ofendido, renuncia a publicar su tercer volumen. Escribe a Halley: «La filosofía (se entiende que se trata de la física) es una dama tan impertinente y trapacera que sería lo mismo enzarzarse en un proceso que ocuparse de ella. Ya lo constaté otra vez y ahora, tan pronto como vuelvo a ocuparme de ella, de nuevo tengo problemas».

Evidentemente, Halley hace todo lo posible por hacerle cambiar su decisión, y, finalmente, Newton se deja convencer, sin duda porque se da cuenta de que, sin el tercer volumen, los *Principia* se venderán peor, y que su rechazo podría ser la causa de la ruina de su único amigo.

En el número 186 de *Philosophical Transactions*, a inicios de 1687, Halley (que había pasado a ser redactor jefe) tiene la ocasión de redactar un comentario, claramente ditirámbico, sobre los *Principia*, de venta «en varias librerías»: por fin, las ideas de Newton se presentan al público. Falta ver los resultados.

Halley es lo que hoy se denominaría un «geofísico». Estudió con detalle el campo magnético terrestre, las mareas y las corrientes, y, sobre todo, hizo progresar notablemente la comprensión de los fenómenos meteorológicos. Tanto es así que proporcionó la primera explicación de los vientos alisios mediante los movimientos verticales de las masas de aire calentadas en mayor o menor grado por el Sol. También presentó el primer ciclo hidrológico: evaporación, nubes, lluvia, ríos, océanos, evaporación, etc. Asimismo, fue el primero en sugerir el importante papel de los intercambios de calor en la física terrestre, es decir, aquello que deja de lado el «universo-reloj» de Newton.

El efecto de los *Principia* sobre el público se puede resumir con facilidad: todo el mundo los admira, pero nadie los entiende

Nos estamos refiriendo, claro está, al «gran público», es decir, a gente instruida y curiosa que no es profesional de la ciencia. Y es que los *Principia* son austeros: es un tratado netamente matemático y, a excepción quizá del tercer volumen, casi incomprensible para el público. Sin embargo, éste lo acoge bien, lo convierte en un éxito, e intenta animosamente entenderlo, por lo menos en parte.

Esta actitud, sorprendente a priori, revela el interés general que despierta en la época el progreso científico y quizá, sobre todo, las matemáticas. Aparte de la acogida ofrecida a los *Principia*, se encuentran por todas partes pruebas de este

interés. Vale la pena citar una que es muy reveladora. Samuel Pepys, el presidente de la Royal Society que firma el *imprimatur* de los *Principia* era, veinte años antes, un joven funcionario en la Marina. En esa época, como revela su diario íntimo de 1665, ¡tomaba clases particulares de matemáticas para aprender a hacer divisiones! Y esto no lo hacía sólo para su trabajo: le gustaba tanto que contrató después al mismo profesor para su esposa.

Samuel Pepys (1633-1703) llevó un diario íntimo entre 1659 y 1669, redactado en una taquigrafía propia que no fue descifrada hasta 1825. Este diario es un documento extraordinario sobre la vida cotidiana en Londres durante un período muy rico en acontecimientos.

Éste es, pues, el deseo que mueve a este público hacia los *Principia*, ya que todos los sabios, y desde luego Halley en primer plano, manifiestan que es la obra maestra del nuevo espíritu científico. Pero el hueso es duro de roer. Por ello, sin descorazonarse, este público reclama intérpretes: los divulgadores.

También en este aspecto, Halley toma la delantera. En 1687, para presentar al rey la primera edición completa de los *Principia*, redacta una larga carta que se publica rápidamente con el título *Discurso al rey sobre las mareas*. Detalla, con un estilo accesible a todos, uno de los múltiples resultados de las teorías de Newton: la primera explicación completa de las mareas como consecuencia de la diferencia de atracción ejercida por la Luna con respecto al centro de la Tierra y a su superficie.

El tema está bien escogido: físico y astronómico a la vez, así como fenómeno natural y apuesta económica, Halley no es únicamente un gran sabio y un diplomático prudente, sino también un divulgador excepcional. Es cierto que esta elección se explica también por su amor al mar, que él mismo recorrerá enseguida en todas direcciones para realizar el mapa magnético, para estudiar las

Los cafés de Londres en el siglo XVII eran centros de la vida intelectual y social.

corrientes, los puertos, etc. Pero no importa. Se habla de lo que se ama. Apoyándose a la vez en los *Principia* y en el mar, el *Discurso* de Halley es elocuente y redobla el interés general por la obra de Newton.

Curiosamente, la acogida de los sabios muestra la misma combinación de respeto e incomprensión

Aparte de Halley, que evidentemente conoce de memoria los *Principia* y que los ha examinado hasta la última coma para su publicación, hay quizá en Europa una decena de sabios capaces de entenderlos del todo en un tiempo razonable: Huyghens, Leibniz, el desdichado Hooke, Roemer...

Hay, sin embargo, muchos más que, sin poder seguir al detalle las demostraciones, sí son capaces de apreciar la importancia de los resultados y su perspectiva total. Ahora bien, esto suscita un problema de fondo, verdaderamente filosófico (sobre todo en una época en que la física recibe todavía el nombre de «filosofía natural»).

Justo después de la muerte de Galileo (1642), uno de los grandes temas en juego del debate científico es el de las bombas de agua: ¿su funcionamiento se explica por el «horror al vacío», siguiendo las ideas de Aristóteles, o por la presión del aire, como sostiene un ayudante de Galileo, llamado Torricelli? Es Pascal quien acabará con la explicación del «horror al vacío», gracias a una serie de experimentos muy concretos que aparecerán publicados más tarde en su tratado sobre el «equilibrio de los fluidos».

Es el problema
de la acción a distancia.
Los vórtices de Descartes tenían como objetivo concreto explicar los movimientos de los astros como consecuencia del impulso ejercido por su contacto con una sustancia invisible. La idea de una acción a distancia, capaz de actuar sin contacto a través de millones de kilómetros de vacío, es un regreso inaceptable a la física de los antiguos griegos, con sus «características misteriosas». Con este objeto se evoca el horror al vacío que, antes de Torricelli y Pascal, «explicaba» el ascenso del agua en las bombas.

Newton se defiende de esta comparación en una carta a Halley: «Yo no soy, en absoluto, quien invoca el horror al vacío: soy tan sólo quien muestra que el agua asciende en las bombas». Y, en efecto, entra en un debate sobre la naturaleza física de la atracción universal: él ha desvelado una ley de la naturaleza, bajo una forma matemática que permite calcular todos los movimientos observables. Ha tenido mucho cuidado en no especular sobre la realidad del agente que ejerce y transmite la atracción.

Sin embargo, sus colegas no lo ven de la misma manera: aunque unánimes a la hora de aplaudir la construcción teórica (a la que llaman «matemática») de Newton, también se muestran unánimemente reticentes ante las implicaciones filosóficas que, a diferencia de él, no son capaces de eludir. Esta actitud se resume muy bien en un artículo publicado en 1688 por el *Journal des sçavants* para presentar los *Principia* en Francia. Este artículo da la bienvenida a «la mecánica más perfecta que se pueda imaginar», pero le pide a Newton que «nos dé una física tan exacta como la mecánica», es decir, que se pronuncie sobre la naturaleza real de la atracción.

Ahora bien, las primeras tentativas en este sentido deberán esperar al siglo XX y a la teoría de la relatividad general, pero, en cambio, la «mecánica perfecta» proseguirá su andadura, durante siglos de triunfo en triunfo.

Está claro que este «carruaje a reacción», propulsado por un chorro de vapor no ha existido. Es un ejemplo ofrecido a mediados del siglo XVIII como posible aplicación de la tercera ley de Newton, la de acción y reacción. Las tres leyes de Newton rigen toda la mecánica y, con independencia del movimiento o dispositivo del que se trate, estará siempre gobernado por estas leyes, tanto en nuestros días como en otras épocas. Así, aunque no hay duda de que este «carruaje a reacción» es imaginario, conocemos aparatos muy reales que se apoyan en el mismo principio.

La confirmación más bella de cualquier teoría es que sus predicciones sean ciertas: una cosa es explicar ya observado, y otra, prever un fenómeno desconocido y constatar después su existencia. En 1735, la Academia de las Ciencias decide verificar una de las predicciones de Newton: el achatamiento de la Tierra en los polos.

CAPÍTULO 5

DE TRIUNFO EN TRIUNFO

En 150 años, la teoría de la gravitación permitió prever, sucesivamente, el achatado de la Tierra, la fecha de la nueva aparición del cometa Halley y, por último, la existencia de un planeta desconocido.

TO
Sir *Isaac Newton*, Kt.
PRESIDENT,
And to the
Council and Fellows
OF THE
Royal Society
OF
LONDON,
Instituted for the
Advancement of *Natural Knowledge*;
THIS
Twenty Eighth VOLUME
OF
Philosophical Transactions
IS
HUMBLY DEDICATED
BY
Hans Sloane, R. S. Secr.

Medio siglo después de los *Principia*, ¿dónde están las ideas newtonianas en Francia? En 1699, Newton fue elegido miembro extranjero de la Academia de las Ciencias. A su muerte, en 1727, Fontenelle, secretario vitalicio de la misma y autor de la primera biografía de Newton, pronuncia su elogio fúnebre.

Entre tanto, la publicación en 1704 de *Opticks*, la segunda obra en importancia del sabio inglés, reactiva la controversia entre cartesianos y newtonianos, que por lo demás es mucho más matizada de lo que generalmente se cree. Por ejemplo, Malebranche, el heredero más próximo a Descartes, adopta una posición mucho más conciliadora y encabeza un grupo de sabios mucho menos «antinewtonianos» de lo que cabría prever.

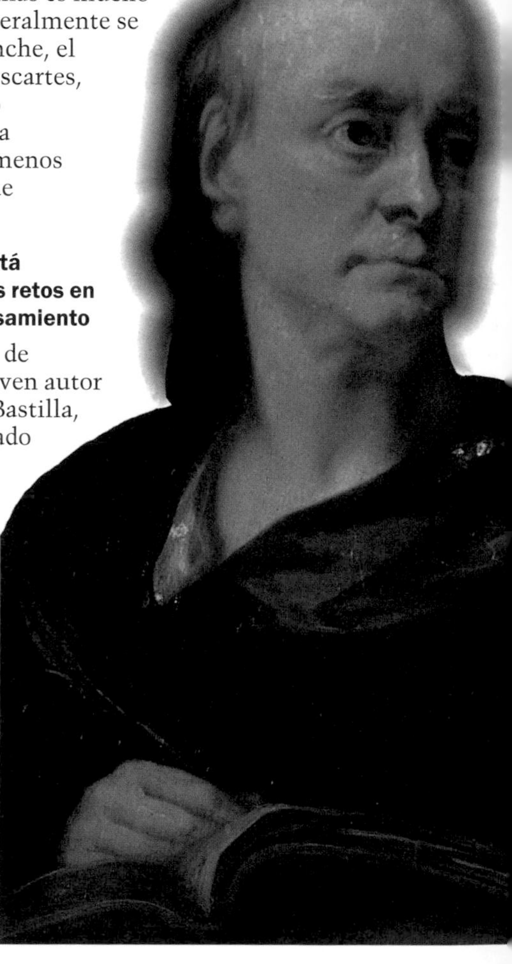

A la muerte de Newton, se está en pleno siglo XVIII; uno de los retos en Francia es la libertad de pensamiento

En las exequias solemnes de Newton está presente un joven autor francés, recién salido de la Bastilla, desterrado de París y refugiado en Londres. Su nombre es

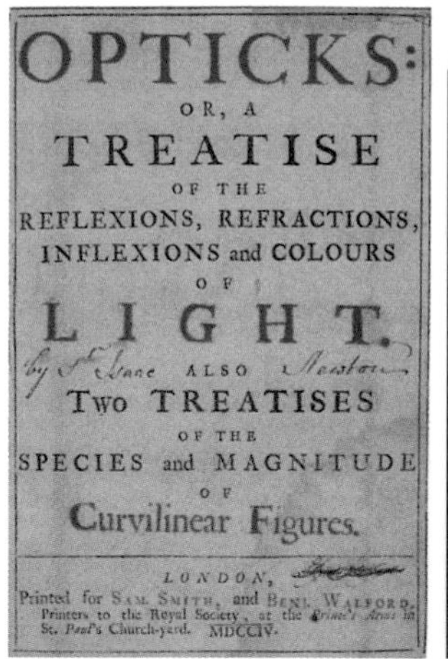

OPTICKS:
OR, A
TREATISE
OF THE
REFLEXIONS, REFRACTIONS, INFLEXIONS and COLOURS
OF
LIGHT.
ALSO
Two TREATISES
OF THE
SPECIES and MAGNITUDE
OF
Curvilinear Figures.

LONDON,
Printed for Sam. Smith, and Benj. Walford, Printers to the Royal Society, at the Prince's Arms in St. Paul's Church-yard. MDCCIV.

Voltaire. Sus *Cartas filosóficas* constituyen el pistoletazo de salida del siglo de las luces y son causa de nuevas persecuciones. Siempre ha admirado a Descartes, y Newton y sus ideas vienen a ser para él, y para sus lectores, la base de una especie de lucha de los «Modernos» contra los «Antiguos», siendo éstos, entre los que no está Descartes, aquellos que le meten en la cárcel cuando hace sentir su voz.

Este contexto explica la resonancia de las expediciones organizadas en 1735 y 1736 por la Academia de las Ciencias para verificar una de las predicciones de Newton: el achatado de la Tierra en los polos. El hecho de que ésta sea achatada es, sin duda, lo que menos importa a Voltaire. Pero que la ciencia vaya más allá de los prejuicios, que Newton, ciudadano ejemplar del país que encarna por aquel entonces la libertad de pensamiento, tenga razón contra la autoridad establecida, eso ya le importa mucho más.

En 1704, Newton, con sesenta y dos años, publica su segunda obra más importante, titulada *Opticks*. De nuevo, reúne gran cantidad de descubrimientos, teóricos o aplicados, y un número impresionante de experimentos de todo tipo. Los sabios franceses quieren repetir estos experimentosuna vez disponen de la versión en latín de este tratado. El éxito que consiguen contribuirá, por desgracia, a arrinconar, de forma provisional, la teoría ondulatoria desarrollada veinte años antes por Huygens.

La cuestión del achatado de la Tierra se remonta a las observaciones realizadas sobre el péndulo, en primer lugar por Richer en Cayena y, más tarde, por Halley en Santa Elena

Ambos han constatado que en estas regiones tropicales, el mismo péndulo batía más lentamente que en París o Londres. Además,

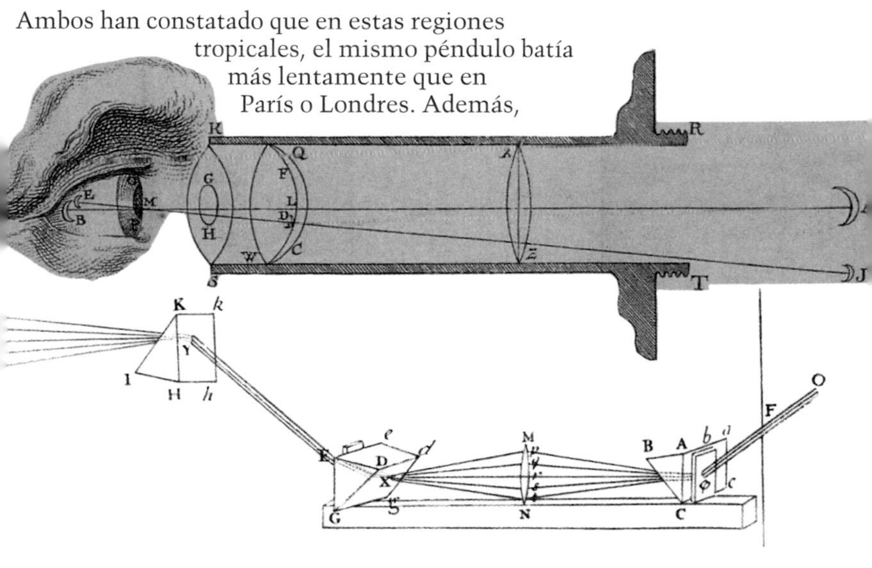

Halley ha comprobado en Santa Elena que bate aún más lento en lo alto de una montaña que en la playa. Esta segunda observación da origen a las reflexiones de Hooke sobre el decrecimiento de la atracción.

Si el péndulo bate más lentamente, y todo el mundo está de acuerdo, el peso es menor. En primer lugar se piensa que este efecto se debe a la fuerza centrífuga, que es mayor en el ecuador, ya que la circunferencia recorrida en 24 horas es mayor. Sin embargo, esto justifica tan sólo la mitad de la diferencia observada. ¿A qué se debe la otra mitad? Según Newton, y esto lo demuestra, se debe al hecho de que los puntos del ecuador están más lejos del centro de la Tierra que París o Londres, es decir, que el planeta no es una esfera perfecta, sino un poco aplanada, como un erizo de mar o una mandarina.

Si se llegara a verificarlo, este aplanado sería un argumento decisivo a favor de la teoría de Newton. Ahora bien, si la Tierra es más «jorobada» en el ecuador que en los polos, la distancia que había que recorrer a lo largo de un meridiano para que la vertical se desviara un grado debería ser menor en el ecuador: en la «joroba» la vertical se mueve más deprisa. Sería necesario volver a medir el «grado de meridiano» como había hecho ya Picard en Francia: si la longitud medida en el ecuador es menor, la Tierra es aplanada y Newton tiene razón.

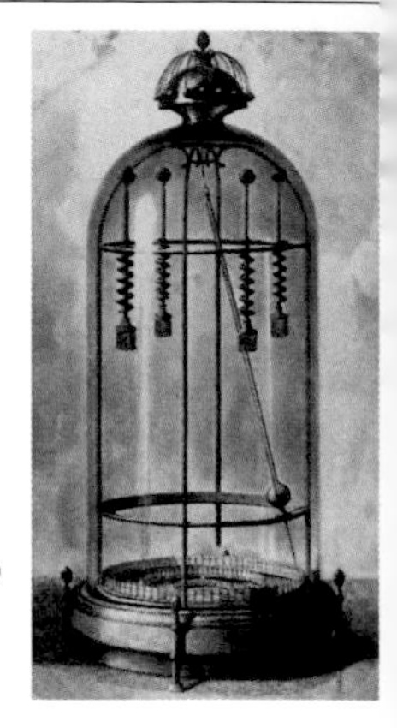

La expedición a Perú se encuentra con más dificultades que la de Laponia, y sus trabajos duran más de dos años. Sin embargo, los resultados obtenidos son excelentes, mejores, como se verá más tarde, que los de Maupertuis.

En 1735, la Academia envía a Perú una expedición dirigida por Bouguer y La Condamine para realizar esta medición.

La expedición a Perú se encuentra con graves dificultades. En París, Maupertuis se impacienta

Maupertuis, retratado a su regreso de la expedición con traje de explorador ártico.

Maupertuis, matemático, biólogo y lingüista a ratos, es, desde 1728, uno de los más fervientes partidarios de Newton en Francia, y contribuyó de forma decisiva a que se tomara la decisión de organizar la expedición a Perú. Ahora logra convencer a la Academia y al gobierno de Luis XIV de que es necesario enviar otra expedición, en esta ocasión hacia el norte, a Laponia.

Consigue la dirección de esa expedición y escoge a compañeros muy jóvenes: Clairaut, que ya es académico desde hace cinco años, es uno de los mejores matemáticos de su tiempo con tan solo veintitrés años. Camus es algo mayor, pero Le Monnier es aún más joven. La expedición se pone en marcha rápidamente.

El equipo, aparte de estos cuatro académicos, incluye también un

El campamento en lo alto de la montaña de Niemi, dibujado por Outhier. En la cumbre se halla la «señal», una torreta cónica de troncos de abeto descortezados (para que sea visible desde lejos). Marca uno de los vértices del sistema de triángulos, y para divisar los otros se colocan los instrumentos en el interior, en la verticalidad de su vértice. Para despejar la visión en las direcciones importantes, ha sido necesario talar cierta cantidad de abetos.

astrónomo sueco, Anders Celsius, que hará de intérprete, y un cartógrafo, el abate Outhier. Amable y curioso, éste publicará al regreso un relato del viaje que será modelo en su género, y gracias al cual se puede seguir la expedición día a día.

El equipo sale de París el 20 de abril de 1736, y en los primeros días de julio llega a Tornio, en el norte del Báltico

Este pueblo, formado por unas cuantas casas de madera, es el extremo sur del meridiano que se va a medir. Hacia el norte se extiende el bosque de Laponia, de la que no existe ningún mapa. Se trata de encontrar los vértices donde se puedan construir las marcas y colocar los instrumentos de visión con el fin de construir un sistema de triángulos semejante al de Picard, pero en condiciones muy diferentes. Por fortuna, el río de Tornio discurre de norte a sur y es navegable, más o menos, si se conocen sus rápidos.

Maupertuis contrata a campesinos de la zona, que servirán de guías, remeros, porteadores y leñadores, cuando sea necesario despejar la visión hacia lo alto de las montañas. Compra pieles de reno para «dormir en el suelo», y el 7 de julio una flotilla de barcas emprende el camino por el río, con los instrumentos de medición y «las cosas más importantes para sobrevivir». Seis semanas más tarde, a pesar del monte bajo, los pantanos y los temibles mosquitos lapones, se ha completado el sistema de triángulos.

Cerca del extremo norte del arco está la aldea de Pello, junto al río. Se compra un granero que se lleva de inmediato a lo alto de la colina de Kittisvaara para que sirva como última referencia y también de soporte (Maupertuis no había olvidado el cemento) al gran sector que debe fijar la posición de la vertical en

Kittisvaara, extremo norte del tramo de meridiano que hay que medir. Se pueden reconocer en todos sus detalles las diversas construcciones de madera típicas del norte de Escandinavia, entre ellas la gran «escalera» para secar el heno. En el extremo superior izquierdo se pueden ver las construcciones transportadas a lo alto de la montaña para servir de observatorio. En efecto, es necesario apuntar la vertical con relación a las estrellas con una precisión extraordinaria, ya que Kittisvaara es uno de los extremos del segmento que se quiere medir.

Para trasladarse, Maupertuis «se abandona a un reno semisalvaje» en un trineo lapón que se vuelca con frecuencia. El reno suelta coces, pero Maupertuis dice que «se puede refugiar bajo el trineo volcado».

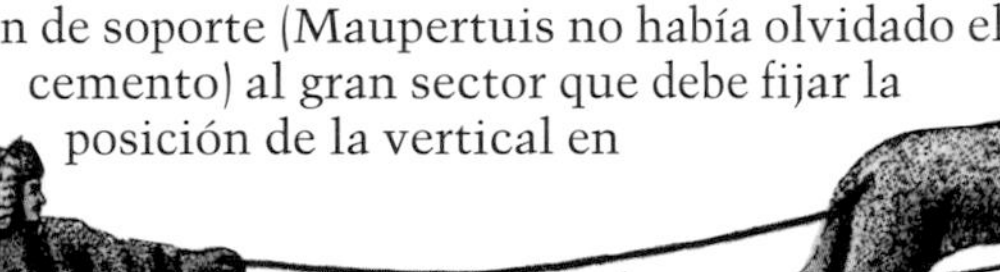

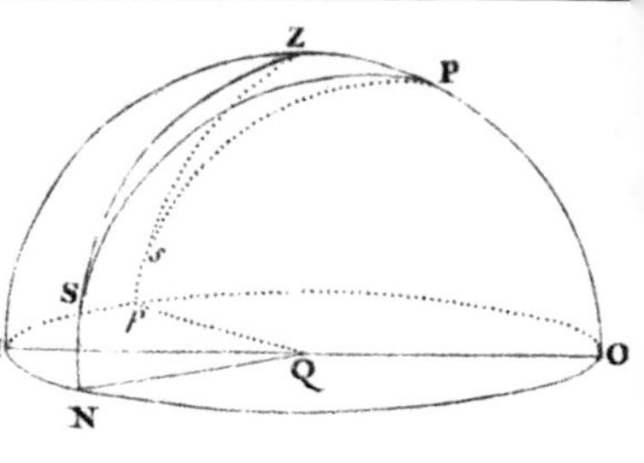

Kittisvaara con relación a las estrellas. Hace falta ahora que éstas se muestren: es necesario esperar hasta mediados de octubre a que el cielo se aclare algunas noches, y la expedición tiene apenas tiempo para volver a Tornio antes de que el río se hiele hasta el mar. Se vuelve a montar el pilar para marcar la vertical de Tornio y se preparan las pértigas para medir la base del sistema, un tramo de 10 km sobre la superficie helada del río.

Para la medición, Maupertuis se ha llevado una reproducción de hierro de la toesa de Châtelet y un termómetro Réaumur

En efecto, esta barra de hierro sólo mide una toesa cuando está en «una cámara en la que el termómetro de Monsieur Réaumur marca quince grados». Para ello, se regula la calefacción de la habitación en la que Camus corta las pértigas de madera. Para ajustar la longitud «a aproximadamente el espesor de un papel fino», clava un clavo en cada uno de sus extremos y después lima las cabezas con sumo cuidado.

El 20 de diciembre, todo el equipo parte en trineo hacia la base que se quiere medir. La temperatura es de -20°C, el hielo del río está cubierto por 60 cm de nieve y el sol sale a mediodía y se pone una hora después. A pesar de todo ello, en una semana se mide la base dos veces con una diferencia entre las dos mediciones de cuatro pulgadas (unos 10 cm).

De regreso a Tornio, los académicos no tienen más que hacer los cálculos. Como señala Maupertuis, se trata de cálculos fáciles y, además, cuentan con Clairaut. En unos cuantos días acaban las operaciones: para recorrer un grado en Laponia es necesario recorrer el arco de meridiano 57.395 toesas. En Francia, Picard había contado 57.060: ¡la Tierra está achatada en los polos! Dos años más tarde, tras superar enormes dificultades, la expedición de Perú acaba sus mediciones, que confirman las realizadas en Laponia: nadie puede ya dudar de que la Tierra es achatada.

Tras sus regresos respectivos, Maupertuis en 1738 y Bouguer en 1749, publican sus resultados con el título *La forma de la Tierra*. Además de los esquemas de principio, estas obras presentan los mapas detallados de las triangulaciones utilizadas en ambos casos, uno cerca de Quito y el otro en Laponia, a lo largo del río Tornio.

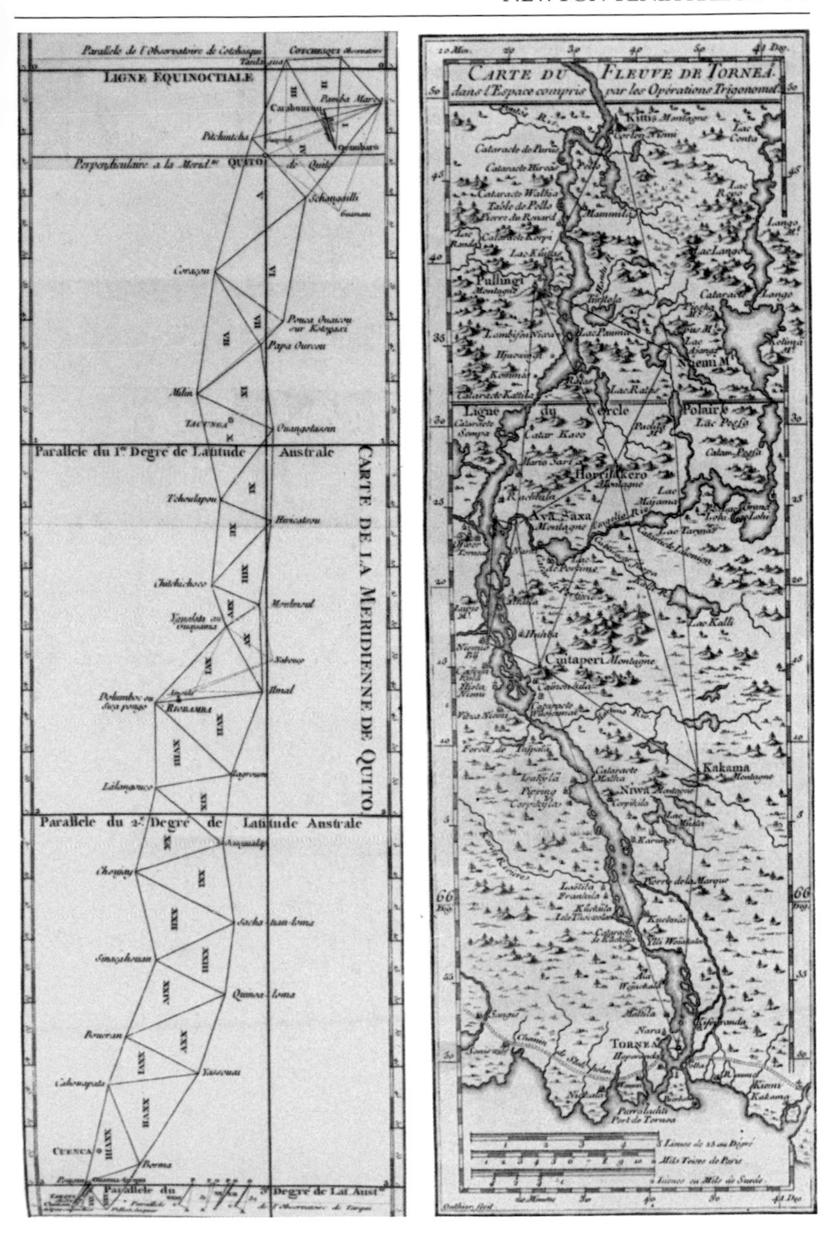
Ligne Equinoctiale
Parallele du 1.er Degré de Latitude Australe
Parallele du 2.d Degré de Latitude Australe
Carte de la Meridienne de Quito
Carte du Fleuve de Tornea dans l'Espace compris par les Opérations Trigonomet.
Ligne du Cercle Polaire
Tornea

Sesenta años después de su publicación, los *Principia* reciben una brillante primera confirmación. La segunda la proporcionará el cometa Halley

Gran parte del tercer volumen de los *Principia* está dedicada a los cometas. Newton sostiene que algunos podrían tener trayectorias elípticas muy alargadas, de las que sólo serían visibles a nuestras observaciones los extremos próximos al Sol. Estos cometas emplearían siempre el mismo tiempo en recorrer su órbita y reaparecerían a intervalos regulares.

En 1695, para intentar confirmar esta hipótesis, Halley recopila las observaciones de los cometas realizadas en el pasado, o por lo menos en un pasado lo bastante reciente como para que se hubiera tomado nota de algunos de los elementos de su trayectoria aparente. Dado que se remonta a épocas en las que no se disponía de instrumentos, su investigación queda forzosamente limitada a los cometas más brillantes.

Se da cuenta de que la trayectoria del cometa de 1682 se parece bastante a las de los cometas de 1607 y 1531. Si se trata del mismo, su período es, pues, de 75 o 76 años, y debería volver a aparecer en 1757 o 1758.

Una vez conocido el período del cometa Halley, se puede buscar en los archivos del pasado las huellas de sus visitas anteriores. De este modo se ha podido llegar bastante atrás en el pasado, con algunas «ausencias»: -466, -239, -86, -66, 141, 218, 295, 374, 451, 530, 607, 684, 760, 837, 912, 989, 1066, 1145, 1222, 1301, 1378, 1456, 1531, 1607, 1682, 1759, 1835, 1910, 1986.

Según la Biblia, una «estrella» guió a los Reyes Magos hasta el portal de Belén ¿Un cometa? ¿Una nova? Este cuadro de Giotto no deja dudas: la «estrella» es el cometa Halley, que reapareció en 1301 para sembrar, como siempre, la inquietud y la admiración.

Halley y Newton plantean una posible disminución de la velocidad del cometa por la atracción de Júpiter

En 1705, Halley anuncia su regreso hacia «finales de 1758 o inicios de 1759». A medida que se acerca la fecha aumenta la expectación: ¿se va a tener una nueva confirmación de las que por aquel entonces todavía se denominan «ideas newtonianas»?

En Francia, a los newtonianos les preocupan un poco las inexactitudes que deben existir necesariamente en el cálculo de Halley. ¿No sería conveniente rehacerlo utilizando los métodos más precisos de que se dispone en ese momento?

ISTI MIRANT STELLA

HAROLD

градъ пиртатенъ
Вчетвертокъ февраля лб дня 1744 го
Изъ пиртатены уведомляютъ что декабря 28 дня поутру вначале 6 часа усмо
лежитъ нѣсколько миль отъ помянутого города къ западу оно представля
рой распространялся къ востоку и производилъ такую ясность что глаза
шаръ и в сторону некоторое расстояние по воздуху катившись вдругъ разделился на 4 разны
третей къ востоку а четвертой к западу и притомъ зделался такой же тонкой громъ
после сего слышны были еще 4 другие такие удары но не такъ силны какъ первой и чрезъ

La saga de los cometas

Los cometas no son los únicos espectáculos habituales en el firmamento. Aquí se pueden ver los «fenómenos celestes» observados en Cartagena de Indias en 1743. No hay duda de que, dos siglos más tarde, los ovnis habrían ocupado las primeras páginas de los periódicos. En realidad, el cielo no es sólo el conjunto de los astros, sino también la atmósfera, con sus movimientos, sus polvaredas y sus brumas, en las que la luz se dispersa, se difunde y se refracta, y da lugar a halos, manchas, arcos, cruces, etc., con frecuencia fugaces, aunque a veces de cierta duración. Y como todo lo que aparece en el cielo continúa inquietando a los humanos, la imaginación embellece estas apariciones.

Las páginas 94 y 95 muestran el cometa Halley en 1066 (tapiz de Bayeux), es decir, durante la batalla de Guillermo el Conquistador contra los anglosajones en Hastings. Sin duda es anuncio de una desgracia, pero ¿para cuál de los dos bandos?

Nº 6. — La jolie Comète ne connait plus rien depuis tantôt 75 ans, aussi la Ville de Paris s'empressera de lui montrer les *Grands Magasins du Bon Marché*, dont une visite incognito lui dévoilera les merveilles.

En la primera fila de los newtonianos volvemos a encontrar a Clairaut. Tras su regreso de Laponia, su reputación no ha dejado de crecer y es contratado sin reservas por Newton: entre 1745 y 1748 trabaja en una edición francesa de los *Principia* con Madame Châtelet, amiga y protectora de Voltaire (a quien acoge en su castillo después de que sus *Cartas filosóficas* le hayan creado nuevos problemas). En un comentario añadido a esta edición, Clairaut menciona el regreso del cometa en 1758, haciendo notar que sería un momento muy favorable para los partidarios de Newton.

PRINCIPES
MATHÉMATIQUES
DE LA
PHILOSOPHIE NATURELLE,
Par feue Madame la Marquise DU CHASTELLET.
TOME SECOND.

No es, pues, de extrañar que, en 1757, decida rehacer los cálculos de Halley, teniendo en cuenta en esta ocasión las perturbaciones de diversos planetas gracias a los métodos de cálculo aproximado a cuya puesta a punto ha dedicado ocho años para realizar otros cálculos astronómicos.

Clairaut emprende un cálculo «de una magnitud aterradora», como subraya su ayudante Lalande. Por suerte, tiene a Hortense...

Hortense Lepaute, calculadora del Observatorio, ha consagrado su vida a los números. El cálculo puesto en marcha por Clairaut la ocupará a ella y Lalande durante seis meses de dedicación total.

El nombre de Hortense Lepaute será inmortalizado unos años más tarde de una manera conmovedora. En 1761, el astrónomo Guillaume Le Gentil parte hacia las Indias con objeto de observar el tránsito de Venus por delante del Sol, método imaginado por Halley para realizar una nueva medición del Sistema Solar. Este fenómeno se produce dos veces cada siglo, con un intervalo de ocho años.

Por muy poco, no había podido hacerlo en 1761, como consecuencia de la guerra con los ingleses, por

«Así es como la Verdad, para establecer mejor su poder, ha adoptado los rasgos de la Belleza y la gracia de la Elocuencia.» Estos versos en honor de la marquesa de Châtelet no sólo nos recuerdan que en 1745 la teoría newtoniana recibía simplemente el nombre de «la Verdad». Muestran también que nuestros antepasados, en esa época, se habían dado cuenta ya de que una mujer inteligente no deber ser necesariamente fea.

lo que Le Gentil decide esperar al de 1769 instalado ya en el lugar previsto. Construye un observatorio, aprende el idioma y estudia la astronomía indígena. En junio de 1769, el tiempo es espléndido, salvo durante el tránsito de Venus, que tiene lugar tras una nube. Desesperado y enfermo, Le Gentil deja de enviar noticias. Vuelve a Francia en 1771, donde se le ha dado oficialmente por muerto y ha sido sustituido en la Academia. Intenta entonces recuperar su herencia en un proceso que pierde y cuyos costes le acaban de arruinar.

Sin embargo, hay algo que trae de las Indias: una flor desconocida en Europa que dedica a Hortense

Dos trayectorias posibles del cometa en 1758-1759. Grabado de Charles Messier (1730-1817), célebre por su catálogo de los objetos celestes distintos de las estrellas. El conglomerado globular de Hércules, por ejemplo, recibe el nombre de Messier 13, o M 13, y la galaxia de Andrómeda el de Messier 31 o M 31.

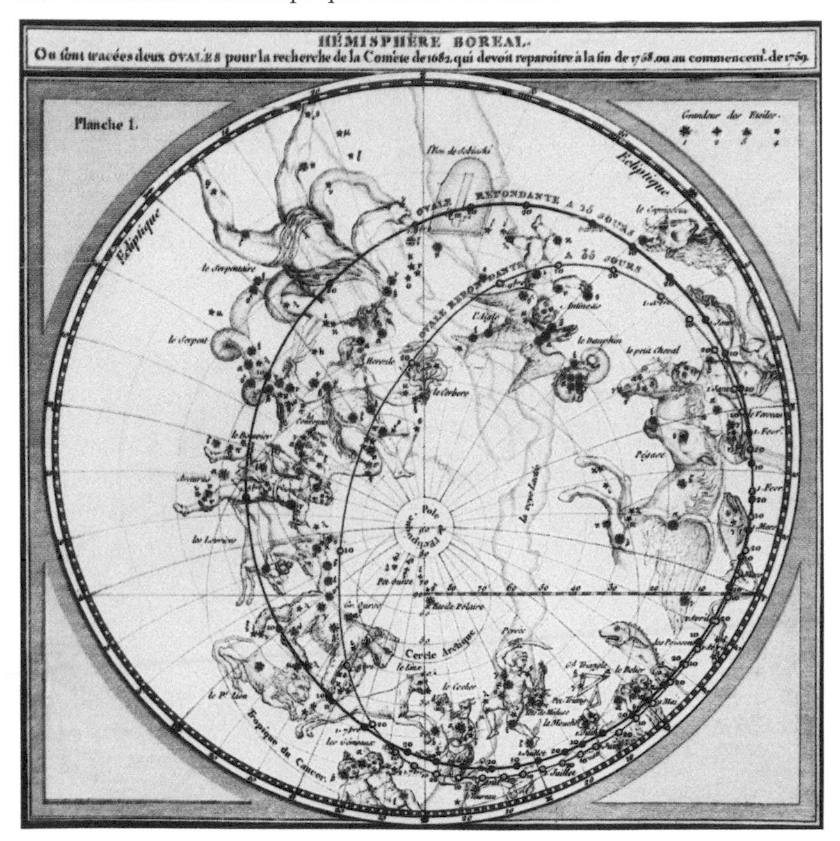

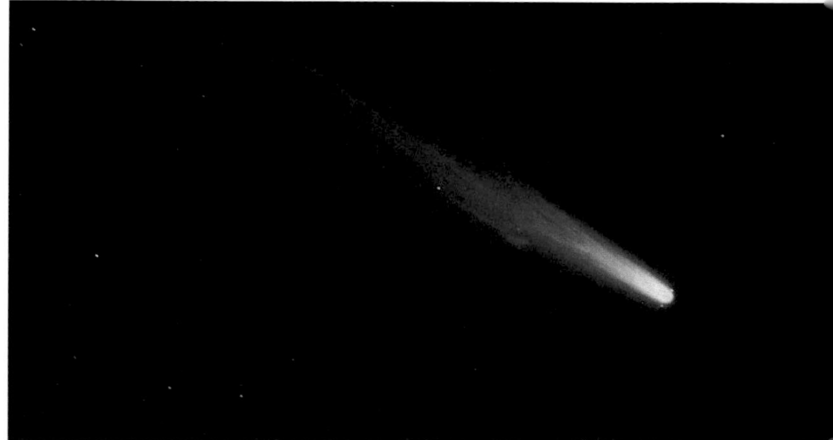

Lepaute y a la que da, cómo no, el nombre de «hortensia».

Clairaut anuncia el regreso del cometa para mediados de abril, con una precisión de un mes

Para ser más exactos, lo que anuncia para esa fecha es el paso del cometa por su perihelio, el punto de su trayectoria más cercano al Sol.

Ahora bien, el cometa regresa como ha previsto, pero alcanza el perihelio el 14 de marzo, justo del margen de error admitido por Clairaut. Y mientras astrónomos aplauden, los demás sostienen que no valía la pena hacer unos cálculos tan largos para conseguir un resultado poco más preciso que el de Halley. Como siempre, se trata de arreglar algunas cuentas personales, y a la cabeza de los críticos están D'Alembert, que nunca se ha llevado bien con Clairaut, y Le Monnier, su antiguo compañero en Laponia, que se ha convertido, entre tanto, en su adversario más acérrimo.

De todos modos, si se cuestiona el trabajo de Clairaut, nadie pone en entredicho el de Halley, ni la brillante confirmación que el retorno del cometa, al que a propuesta del astrónomo Lacaille se bautiza con el nombre de «cometa Halley», aporta a las teorías de Newton.

A cada nueva aparición del cometa, los medios de que se dispone para su observación y representación han evolucionado: grabado de 1835, fotografía de 1910 y colores artificiales que reflejan la temperatura del cometa en 1986. En este último caso, se apostó por ver el cometa más de cerca: las dos sondas soviéticas «Vega» y la europea «Giotto» lo rozaron, e incluso, esta última lo «atravesó» a unos cuantos kilómetros de su núcleo.

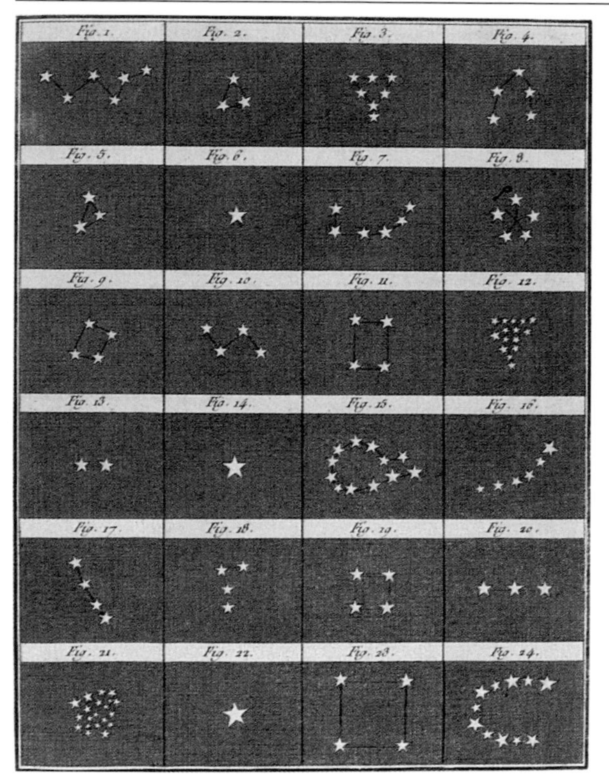

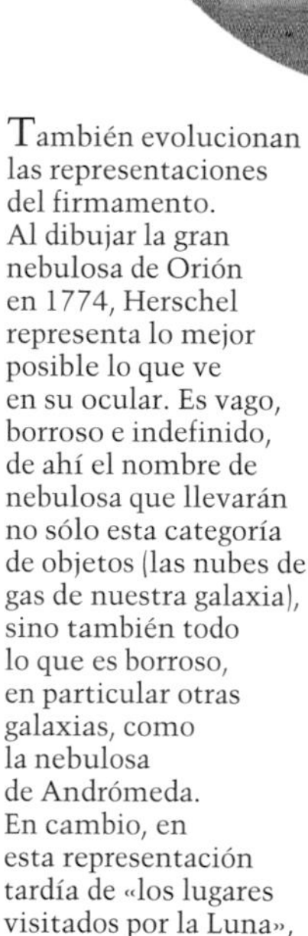

También evolucionan las representaciones del firmamento. Al dibujar la gran nebulosa de Orión en 1774, Herschel representa lo mejor posible lo que ve en su ocular. Es vago, borroso e indefinido, de ahí el nombre de nebulosa que llevarán no sólo esta categoría de objetos (las nubes de gas de nuestra galaxia), sino también todo lo que es borroso, en particular otras galaxias, como la nebulosa de Andrómeda. En cambio, en esta representación tardía de «los lugares visitados por la Luna», todas las estrellas tienen exactamente cinco puntas.

Por otra parte, cada uno de los regresos puntuales de este cometa, en 1835, 1910 y 1986, trae a la memoria de los hombres las siguientes palabras escritas en 1705: «[...] y si vuelve de nuevo, de acuerdo con nuestra predicción, hacia el año 1758, la posteridad recordará que debe su descubrimiento a un inglés». Gracias a Lacaille, la posteridad recuerda también que este inglés se llamaba Edmond Halley.

Veinte años más tarde, ¡otro inglés-alemán descubre un nuevo cometa o, por lo menos, lo que toma como tal!

William Herschel, nacido Friedrich Wilhelm Herschel, es el prototipo, casi el patrón, de los astrónomos aficionados. Forma parte de la banda del regimiento de guardias de infantería en el ejército alemán, se

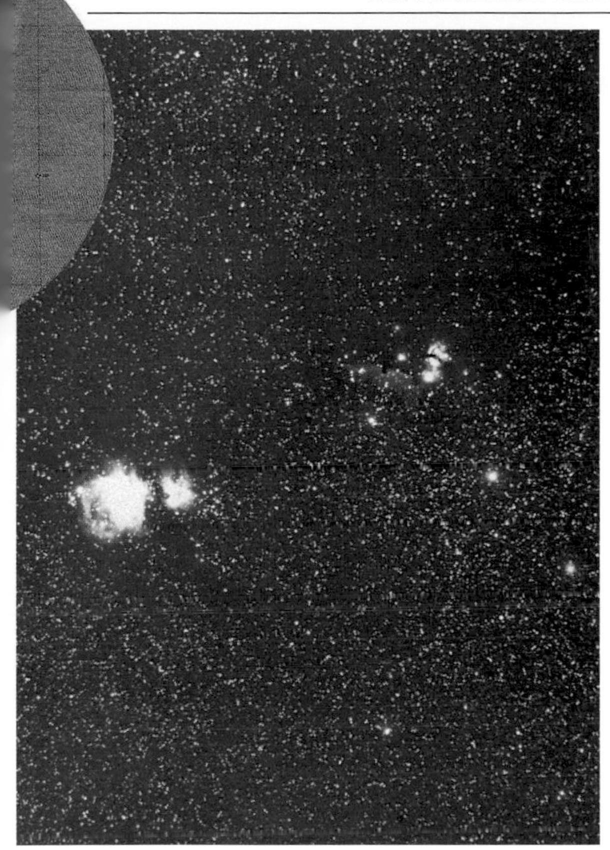

A finales del siglo XIX, la fotografía acude en ayuda de los astrónomos: ¿cómo habrían podido dibujar este campo de estrellas? Incluso mediante su pequeño telescopio refractor, Galileo veía ya en la constelación de Orión muchas más estrellas de las que podía dibujar. En efecto, aunque Orión no está en la Vía Láctea, al menos se encuentra en esa misma dirección un brazo espiral de nuestra galaxia, y, en ella, millones de estrellas débiles. Esta fotografía abarca un campo mayor que el dibujo de Herschel, y la Gran Nebulosa es la mancha luminosa doble que se encuentra cerca del margen izquierdo. Enfrente, a la derecha, se pueden ver las tres estrellas del tahalí de Orión, y la superior está difuminada en otra nebulosidad. Estas gigantescas nubes de gas, iluminadas por las estrellas contenidas en ellas, tienen un interés primordial para el esudio de la evolución del Universo, y, en particular, del nacimiento de las estrellas.

traslada después a la ciudad balneario inglesa de Bath, donde toca el oboe en la orquesta, el órgano en la capilla y da clases de música. Todo esto durante el día, pues por las noches es astrónomo cuando el cielo está despejado, y óptico cuando está cubierto, ya que él mismo talla y pule los espejos de sus telescopios (¡hizo más de 200 espejos!). ¿Cuándo dormía?

Observa sobre todo las estrellas, ayudado fielmente por su hermana Caroline: ¿qué nuevos misterios hay por desentrañar en el Sistema Solar? Establece así listas de estrellas dobles, de estrellas de color y de nebulosas. Su primer descubrimiento importante,

Pequeña mancha borrosa en el telescopio de Herschel. Urano muestra pocos detalles, incluso en estas fotografías cercanas obtenidas por la sonda «Voyager 2». La causa es que tiene una atmósfera muy densa. Pero sus satélites, que no la tienen, muestran detalles extraordinarios.

en 1774, es la Gran Nebulosa de Orión, en la que los astrofísicos modernos ven una cantera de estrellas nacientes.

En el transcurso de su exploración sistemática de los campos estelares, viene a dar con un objeto extraño. El 13 de marzo de 1781 anota en su registro «una extraña estrella nebulosa, posiblemente un cometa». En las noches siguientes, ese objeto indefinido se desplaza. Herschel está convencido de haber descubierto un cometa: el 26 de abril hace llegar a la Royal Society un informe titulado *Account of a comet* («informe de un cometa»).

Los astrónomos de Europa se ponen a calcular los elementos de la elipse tremendamente alargada que debe describir este nuevo cometa. Esfuerzo inútil. Al cabo de varios meses, es preciso rendirse a la evidencia: describe una trayectoria casi circular, dos veces más grande que la de Saturno. Es un planeta.

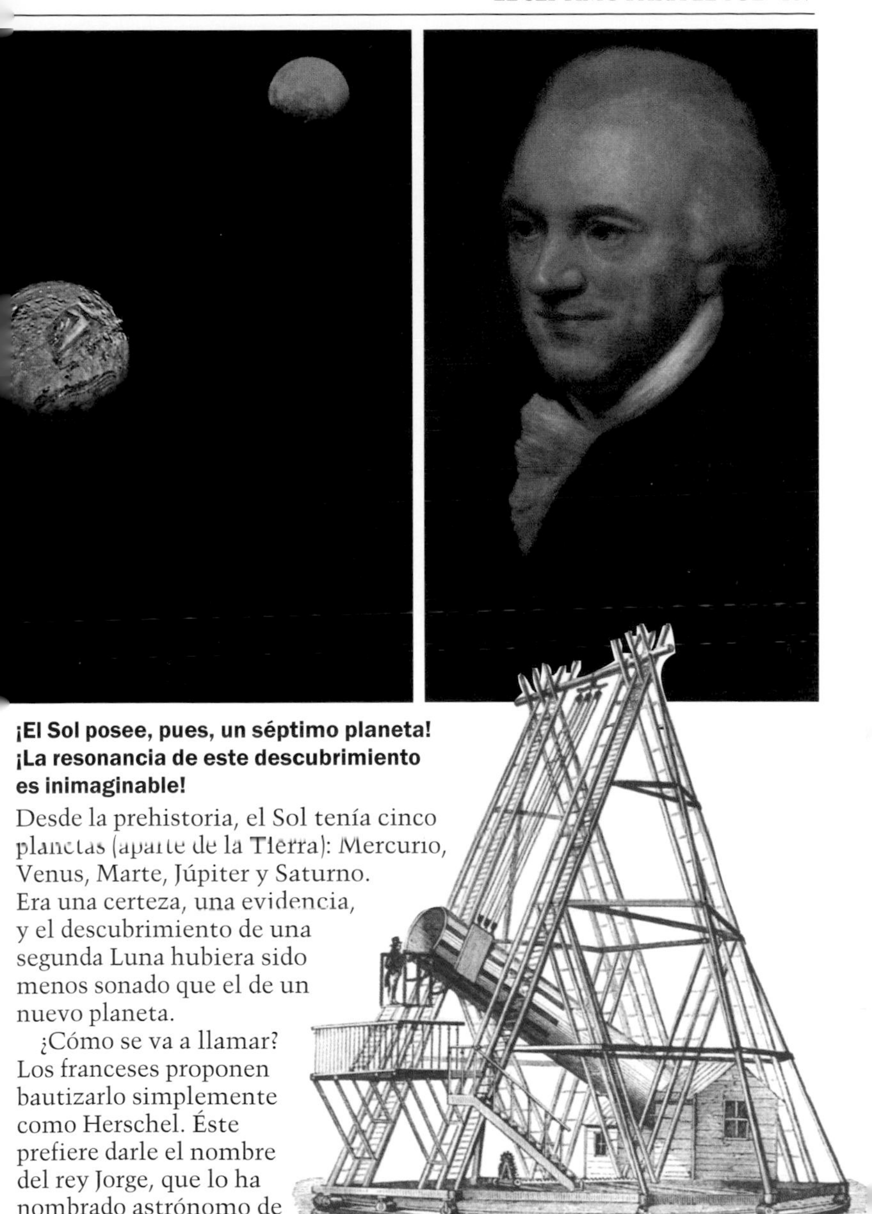

¡El Sol posee, pues, un séptimo planeta! ¡La resonancia de este descubrimiento es inimaginable!

Desde la prehistoria, el Sol tenía cinco planetas (aparte de la Tierra): Mercurio, Venus, Marte, Júpiter y Saturno. Era una certeza, una evidencia, y el descubrimiento de una segunda Luna hubiera sido menos sonado que el de un nuevo planeta.

¿Cómo se va a llamar? Los franceses proponen bautizarlo simplemente como Herschel. Éste prefiere darle el nombre del rey Jorge, que lo ha nombrado astrónomo de

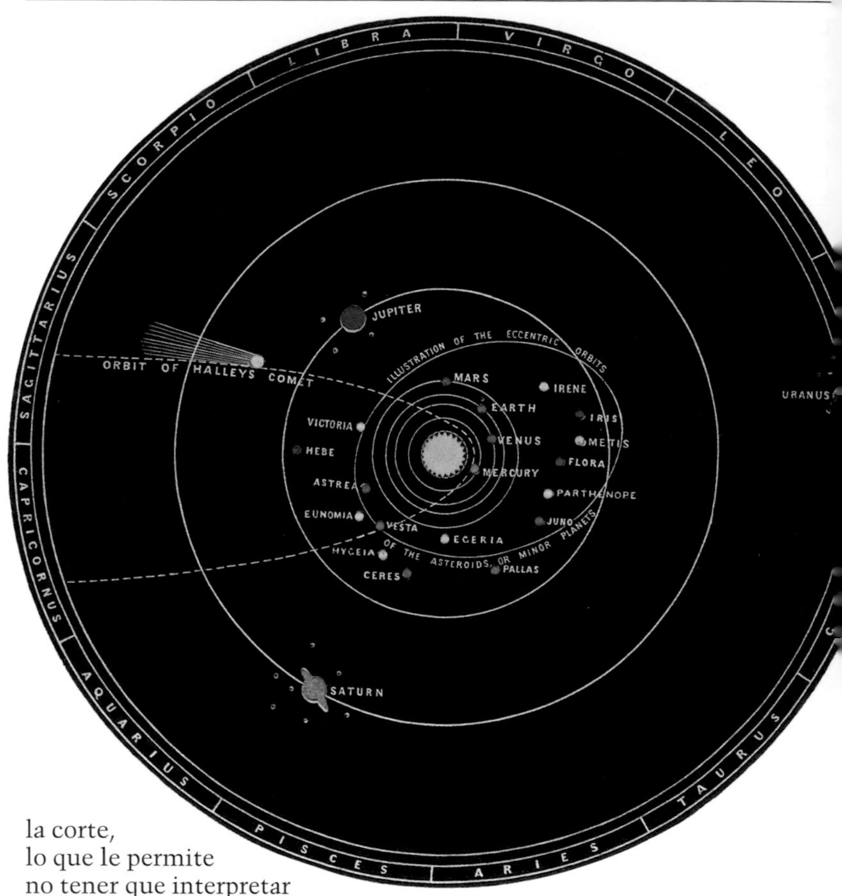

la corte,
lo que le permite
no tener que interpretar
música, salvo por placer. Pero, al final,
se impone la propuesta del astrónomo alemán Bode: continuar la lista mitológica. Después de Júpiter y Saturno viene Urano (en la antigua mitología griega, Urano era «el cielo»).

En toda Europa no se habla de otra cosa. Por ejemplo, en honor a este nuevo planeta, un nuevo metal, descubierto unos años más tarde, recibe el nombre de «uranio».

Ahora bien, el nuevo planeta no se comporta como cabría esperar.

El Sistema Solar en 1835 (con ocasión del paso del cometa Halley). Esta vez Urano se llama ya por dicho nombre, pero Neptuno no está aún. Las irregularidades de Urano llevan a sospechar la existencia de un planeta aún más lejano.

Urano casi obedece las leyes de Newton, y éste «casi» va a constituir la base de su confirmación más espectacular.

Las irregularidades de Urano se ponen de manifiesto en 1821, con ocasión de una puesta al día de las tablas de los movimientos de todos los planetas. En ese momento, el planeta de Herschel no ha recorrido todavía la mitad de su órbita después de su descubrimiento: necesita un total de 84 años para completar su recorrido alrededor del Sol. Sin embargo, ¡se dispone de observaciones más antiguas del planeta que se remontan a 1690! La realidad es que muchos astrónomos habían detectado una «estrella» que, por desgracia para ellos, no intentaron buscar de nuevo en el mismo sitio al día siguiente. El mismo Le Monnier ha observado Urano una docena de veces sin darse cuenta de que tenía al alcance de su telescopio la inmortalidad que se disputaba tan celosamente con Clairaut.

En 1821, se dispone, pues, de posiciones anotadas en tres órbitas sucesivas. Ahora bien, éstas no obedecen a las leyes de Newton, aunque se tenga en cuenta, además de la atracción del Sol, la de los demás planetas. Por ello, las tablas publicadas en 1821 renuncian a tener en cuenta los datos anteriores al descubrimiento de Herschel, y calculan la órbita según las observaciones realizadas a partir de 1781.

Por desgracia, en 1845, el planeta tiene ya una desviación de dos minutos de arco con relación a la posición prevista por dichas tablas. Ya no cabe la menor duda: estas últimas son incorrectas. O las leyes de Newton fallan, o Urano, aparte de la atracción del Sol y de los otros cuerpos del sistema ya conocidos, está sometido a la de otro planeta desconocido y todavía más alejado del Sol. ¿Es posible, a partir de las perturbaciones observadas, aplicar las leyes de Newton «a la inversa» para detectar el planeta «culpable»? Teóricamente sí, pero los cálculos son monstruosos, mucho más complicados que los de Clairaut para el cometa Halley.

Urbain Le Verrier (1811-1877) publica su primer artículo de astronomía a los veintiún años, al poco de ingresar en la École Polytechnique. Arago le sugiere en 1845 que se ocupe de las irregularidades de Urano. A su muerte, Le Verrier lo sustituye como director del Observatorio.

En 1845, el inglés Adams y el francés Le Verrier, sin saber el uno del otro, se lanzan al tremendo cálculo que permite encontrar un nuevo planeta

Los cálculos duran casi un año. Como había empezado antes, Adams llega antes al resultado, y pide a varios astrónomos ingleses que comprueben si el planeta desconocido se encuentra allí donde debería estar.

Pero Adams es un estudiante de apenas veinticinco años, y aquellos a los que se dirige tienen otras cosas que hacer y dejan para más tarde las observaciones que él pide.

Por el contrario, Le Verrier es ya un astrónomo conocido. Cuando envía a Galle, en Berlín, el resultado de sus cálculos, éste apunta inmediatamente su telescopio y, esa misma noche, descubre una «estrella» que no está en las cartas más modernas, publicadas unos días antes.

«Señor: el planeta del que me ha indicado la posición realmente existe»

Éste es el mensaje, sin parangón en la historia, recibido por Le Verrier a fines de septiembre de 1846.

El planeta al que se refiere es Neptuno. Una vez publicado el descubrimiento de Le Verrier, se dan cuenta en Inglaterra, con desesperación, de que el pobre Adams ¡había indicado prácticamente la misma posición varias semanas antes!

En realidad, poco importa que Le Verrier precediera a Adams, o que éste precediera a Le Verrier. Lo importante es que ambos calcularan prácticamente la misma posición, y que en ella se encontrara el planeta desconocido. Para Newton no se trata de un triunfo, sino de dos: uno de Adams y el otro de Le Verrier.

De hecho, nadie ponía en duda en 1846 que las leyes de Newton regían la mecánica del Sistema Solar. Pero, de todas maneras, de eso a inventar un planeta y encontrarlo después...

1666-1846: 180 años después del «año maravilloso», el manzano de Woolsthorpe da su manzana más

El astronauta que «flota» en el espacio, del mismo modo que una sonda que roza un planeta, como por ejemplo Júpiter o Saturno, está sometido a la atracción newtoniana: la de la Tierra en el caso del astronauta y la de los planetas en el de la sonda de exploración.

bella. De todos modos, no es la última. Un siglo más tarde, las sondas de exploración del Sistema Solar revelarían nuevos objetos. Desde 1989, la sonda «Voyager», después de visitar Júpiter, Saturno y Urano, ha sobrevolado el planeta de Le Verrier. Más tarde, las misiones Galileo y Cassini-Huyghens han explorado los sistemas de Júpiter y Saturno, y han descubierto nuevos satélites. Asimismo, Marte y Mercurio están en el programa de la década de 2010.

Evidentemente, las trayectorias de estas sondas se calculan mediante ordenadores mil veces más rápidos de lo que era Hortense Lepaute, pero las leyes sobre las que se basan dichos cálculos, son las mismas: las leyes de Newton.

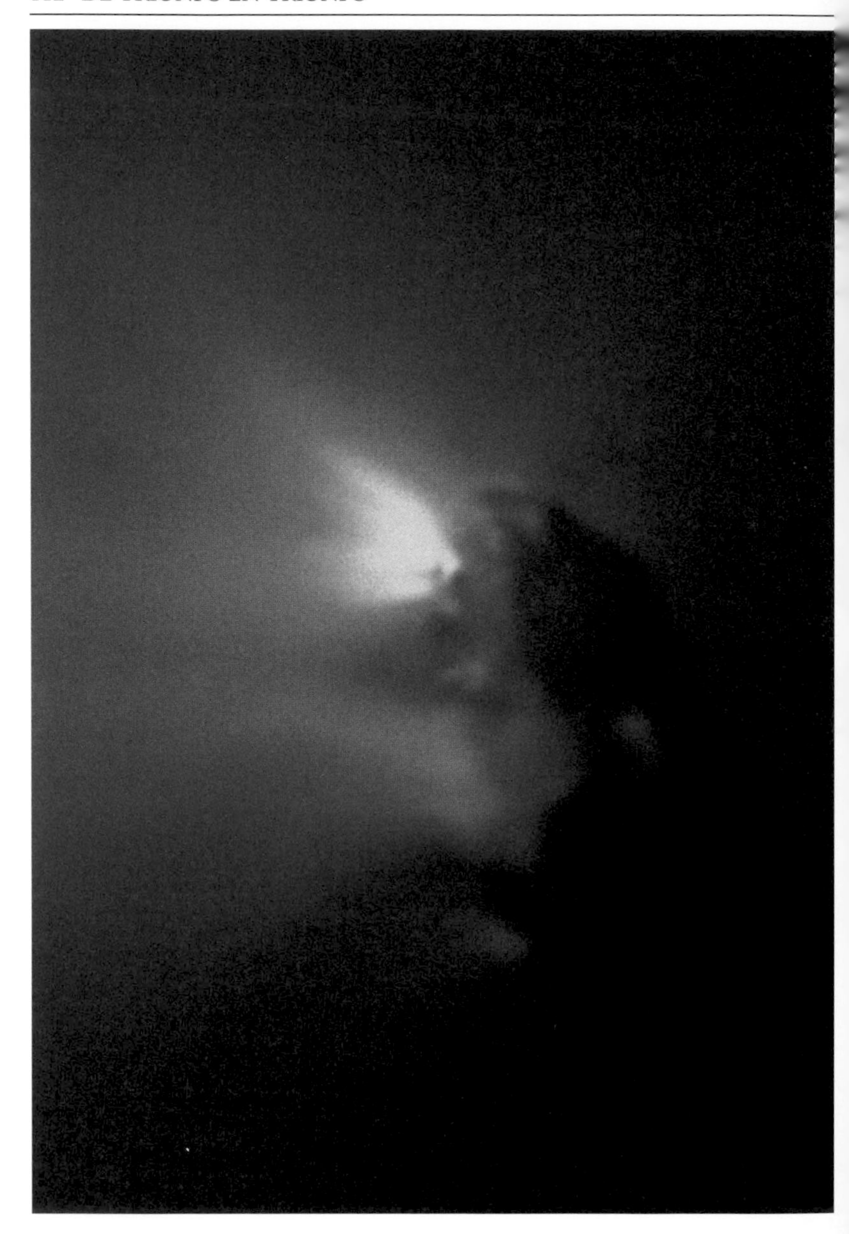

TESTIMONIOS Y DOCUMENTOS

A hombros de gigantes

A finales de 1675, Newton envía una carta a la Royal Society en la que describe nuevos experimentos con la luz, en especial el de los «anillos» que habrían de llevar su nombre. Hooke, consciente de que sus relaciones se han visto enconadas por Oldenburg, le propone mantener una correspondencia privada.

Parece que esta propuesta no tuvo más consecuencias que la carta de respuesta de Newton, en la que reconoce explícitamente su deuda con Descartes y con el propio Hooke: «Si he visto más lejos, ha sido subido a hombros de gigantes».

Una carta de Hooke a Newton

A mi bien estimado amigo
Mr. Isaac Newton, particular
Trinity College
Cambridge

20 de enero de 1676

Señor:
La lectura de vuestra carta, la semana pasada, en la reunión de la Royal Society, me ha hecho pensar que es posible que, de una manera u otra, hayáis sido mal informado deliberadamente respecto a mí, máxime cuando ya he sido objeto de maniobras detestables de este tipo. Ésta es la razón por la que me he tomado la libertad, admisible en mi opinión en temas filosóficos, de hablaros directamente y manifestaros que no apruebo en modo alguno las disputas, las peleas y las controversias públicas, aunque, a mi pesar, se me arrastrara a este tipo de guerra. Además, que lo que mi espíritu busca con avidez, y acepta con mucho gusto, es toda verdad que se descubre, incluso cuando tropiece y contradiga las nociones y opiniones que yo haya tenido por verdaderas. En fin, que estimo en su justo valor vuestras demostraciones y que me complace en extremo ver aplicar y mejorar las ideas que he tratado desde hace mucho tiempo sin haber dispuesto del mismo para estudiarlas a fondo. En mi opinión, habéis llegado mucho más lejos que yo en este tema. Del mismo modo que no habríais podido encontrar un tema más digno de vuestros estudios, también creo que no habría una persona más capaz, que tenéis todo lo necesario para completar, rectificar y modificar mis estudios de juventud, lo que habría querido hacer yo mismo si mis otras obligaciones más acuciantes me lo hubieran permitido, por más que hubiera tenido una capacidad muy inferior a la vuestra.

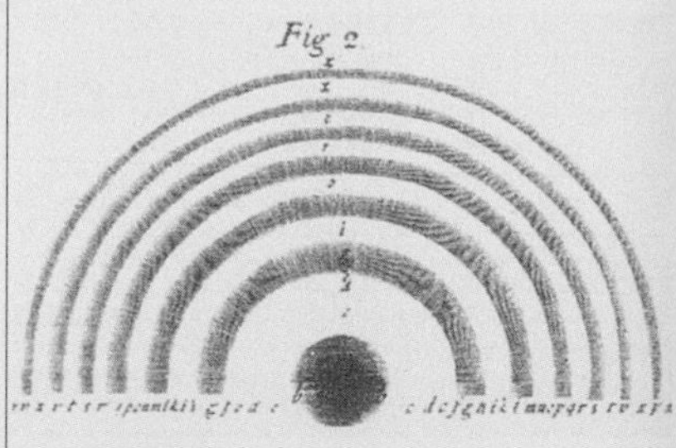

Opticks de Newton: figura.

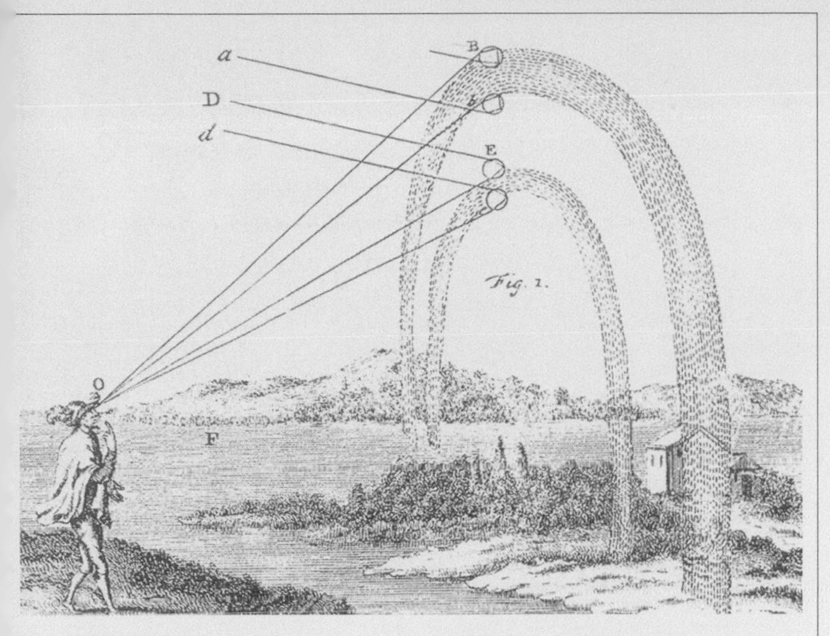

Formación de un arco iris.

Creo que vuestros objetivos son los mismos que los míos, es decir, el descubrimiento de la verdad, y supongo que los dos podemos escuchar objeciones, siempre que éstas no manifiesten una hostilidad abierta, y que nuestros espíritus estén también dispuestos a inclinarse ante las deducciones más nítidas que el razonamiento pueda extraer de los experimentos. Si, en consecuencia, estuvierais de acuerdo en que mantuviéramos una correspondencia privada sobre el tema, estaría encantado de hacerlo; y cuando haya estudiado a fondo vuestro excelente discurso (que, al oírlo leer rápidamente, no me ha informado lo suficiente) me tomaré la libertad de enviaros, si ello no es mostrarme desagradecido, mis objeciones si las tengo, o mi asentimiento si estoy convencido, que es lo más probable. Esta manera de discusión me parece más filosófica que cualquier otra, ya que si el choque entre dos adversarios firmes puede producir la luz, si son movidos por otros también se genera calor, pero que sólo sirve para encender la pólvora. Espero, Señor, que perdonéis la franqueza de vuestro humilde y afectísimo servidor,

Robert Hooke

Y la respuesta de Newton

Cambridge, 5 de febrero de 1676

Señor,

Al leer vuestra carta, me ha encantado vuestra actitud libre y generosa, y pienso que habéis actuado como conviene a un verdadero espíritu filosófico.

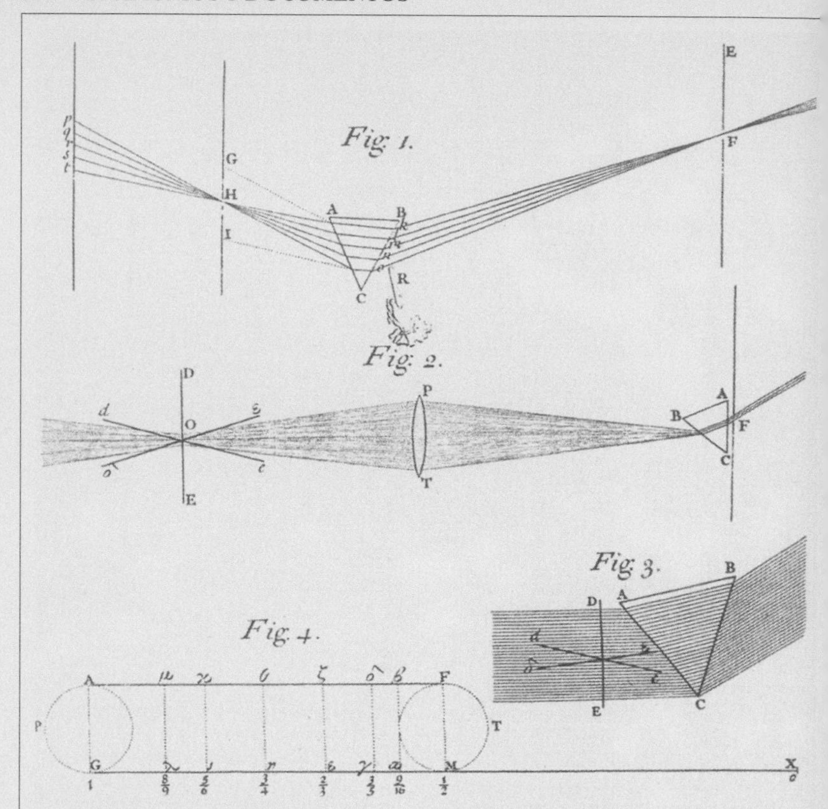

No hay nada que temer más, en temas filosóficos, que la controversia, especialmente a través de la prensa: es por ello que acepto con placer vuestra propuesta de una correspondencia privada. Lo que se hace ante una audiencia numerosa pocas veces está inspirado por el deseo de la verdad, mientras que las relaciones privadas entre amigos obtienen más del debate que de la controversia, y espero que así sea entre vos y yo. Vuestros comentarios son bienvenidos, pues aunque el tema me ha fatigado y todavía no he encontrado, ni sin duda lo volveré a encontrar jamás, interés suficiente para dedicarle tiempo, sí deseo tener enseguida en pocas palabras las objeciones más fuertes y pertinentes posibles, y no conozco a nadie que esté más cualificado para presentármelas que vos. Y si lo hacéis, me obligaréis. Y si hay cualquier cosa en mis escritos que encontréis presuntuoso o injusto desde vuestro punto de vista, con tal que estéis de acuerdo en reservar estos sentimientos a una carta personal, espero que constataréis que no estoy tan celoso de las producciones filosóficas hasta

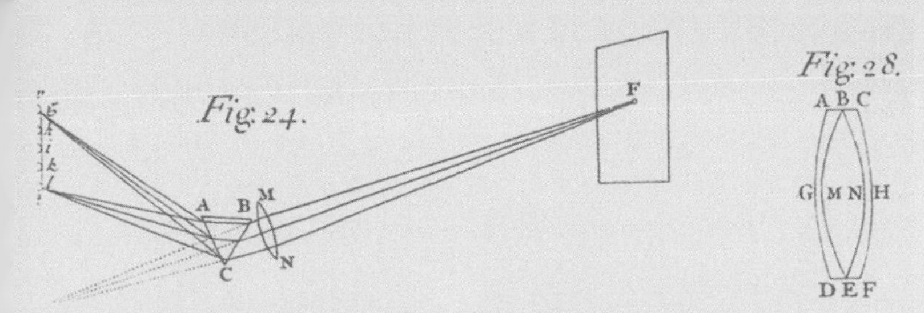

el punto de no poderlas borrar ante la justicia y la amistad.

Por lo demás, tenéis un concepto demasiado elevado de mi capacidad. El trabajo de Descartes constituye un gran paso adelante. Vos mismo habéis aportado mucho, y de muy diversas maneras, especialmente estudiando de un modo filosófico los colores a través de láminas delgadas. Si he visto más lejos, ha sido subido a hombros de gigantes. Sin embargo, no dudo de que tengáis numerosos experimentos muy importantes, aparte de los que ya habéis publicado, y algunos de ellos semejantes a los que aparecen en mi último artículo. Hay por lo menos dos que sé que habéis hecho: la observación de la dilatación de los anillos coloreados cuando se observan oblicuamente, y la aparición de un punto negro en el contacto de dos cristales convexos, así como en la parte superior de una burbuja. Y, probablemente, hay muchos más que yo no he realizado. Por tanto hay tantos motivos para que yo me incline ante vos, como vos ante mí, sobre todo si se tiene en cuenta el tiempo que os ocupan vuestras obligaciones.

Por último, vuestra carta da la ocasión de preguntaros cuál es la observación que me proponéis que haga aquí, del paso de una estrella cerca del cénit. He regresado de Londres unos días antes de lo que os había dicho, ya que me he encontrado con que tenía una entrevista con un amigo en Newmarket, por lo que me falta vuestra información. Pasé por vuestra casa un día o dos antes de mi partida, pero estabais ausente. Si queréis todavía que se haga esta observación, sólo tenéis que enviar las instrucciones a vuestro humilde servidor

Isaac Newton

La refracción de la luz, figuras de *Opticks*.

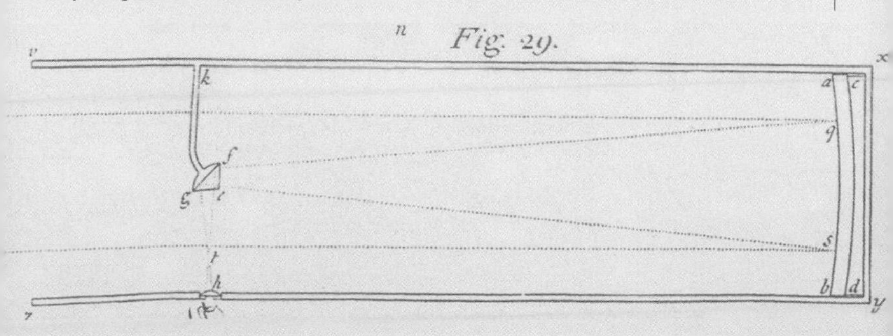

Descartes y Newton vistos por Voltaire

Voltaire dedica la decimocuarta de sus Cartas filosóficas *a comparar la vida y gloria de Descartes con las de Newton: es difícil imaginar dos destinos más dispares. Pero la admiración de Voltaire por Inglaterra, que le ha dado asilo, y por Newton, su héroe nacional, no le impide rendir a Descartes todo lo que se merece: los «hombros de gigantes» sobre los que se ha subido Newton para ver más lejos son, sobre todo, los de Descartes.*

Decimocuarta carta sobre Descartes y Newton

Un francés que llega a Londres encuentra las cosas muy cambiadas en filosofía, como en todo lo demás. Ha dejado el mundo lleno y se lo encuentra vacío. En París, se ve el Universo compuesto de torbellinos de materia sutil; en Londres, no se ve nada de eso. Entre nosotros, es la presión de la Luna la que causa el flujo del mar; entre los ingleses, es el mar el que gravita hacia la Luna, de tal modo que, cuando creéis que ésta debería darnos marea alta, estos señores creen que debe haber marea baja, lo que por desgracia, no puede verificarse, pues habría hecho falta, para aclararlo, examinar la Luna y las mareas en el primer instante de la creación.

Notaréis, además, que el Sol, que en Francia no interviene para nada en este asunto, contribuye aquí por lo menos en una cuarta parte. Entre vosotros, cartesianos, todo ocurre por un impulso del que no se entiende nada; para el Sr. Newton, es por una atracción de la que no se conoce la causa. En París, imagináis la Tierra con forma de melón; en Londres, está aplastada por dos lados. Para un cartesiano, la luz existe en el aire, pero para un newtoniano, viene del Sol en seis minutos y medio. Vuestra química hace todas sus operaciones con ácidos, álcalis y materia sutil; la atracción domina incluso en la química inglesa.

La esencia misma de las cosas ha cambiado totalmente. No estaréis de acuerdo ni sobre la definición del alma ni sobre la de la materia. Descartes asegura que aquella es lo mismo que el pensamiento, y Locke prueba lo contrario bastante bien.

Descartes asegura, además, que sólo la extensión hace la materia; Newton le añade la solidez. Aquí hay furiosas contradicciones. [...]

Este famoso Newton, este destructor del sistema cartesiano, murió el mes de marzo del año pasado, 1727. Ha vivido honrado por sus compatriotas y ha sido enterrado como un rey que hubiera hecho el bien a sus súbditos.

Se le ha leído con avidez y se ha traducido al inglés el elogio del Sr. Newton que el Sr. Fontenelle pronunció en la Academia de las Ciencias. En Inglaterra se esperaba el juicio del Sr. Fontenelle como una declaración solemne de la superioridad de la filosofía inglesa; pero cuando se ha visto que equiparaba a Descartes con Newton, toda la Royal Society de Londres se ha sublevado. Lejos de estar de acuerdo con este juicio, se ha criticado este discurso. Incluso algunos (que no son los más filósofos) se han sentido contrariados con esta comparación, sólo porque Descartes era francés.

Hay que reconocer que estos dos grandes hombres han sido muy diferentes por su conducta, su fortuna y su filosofía.

Descartes nació con una imaginación viva y fuerte, que lo hizo un hombre singular tanto en su vida privada como en su manera de razonar. Esta imaginación no se puede ocultar ni siquiera en las obras filosóficas, en las que aparecen en todo momento comparaciones ingeniosas y brillantes. La naturaleza había hecho de él casi un poeta y, de hecho, compuso un divertimento en verso para la reina de Suecia que, por honor a su memoria, no se ha hecho imprimir.

Durante un tiempo, intentó el oficio de la guerra y, habiéndose convertido después en filósofo, no se creyó indigno de hacer el amor. Tuvo como amante a una joven llamada Francine, que murió pronto y cuya pérdida lamentó profundamente. De este modo, probó todo lo que atañe a la humanidad.

Creyó durante mucho tiempo que era necesario huir de los hombres, y sobre todo de su patria, para filosofar en libertad. Tenía razón: los hombres de su tiempo no sabían lo bastante para ilustrarle y sólo eran capaces de hacerle daño.

Abandonó Francia porque buscaba la verdad, perseguida entonces por la miserable filosofía de la Escuela, pero no halló más razón en las universidades de Holanda, a las que se retiró. Pues en la época en la que se condenaban en Francia las únicas proposiciones de su filosofía que eran verdaderas, fue también perseguido por los pretendidos filósofos de Holanda, que no lo entendían mejor y que odiaban más su persona al ver su gloria más de cerca. Se vio obligado a salir de Utrecht, soportó una acusación de ateísmo, último recurso de los calumniadores, y él, que había utilizado toda la sagacidad de su espíritu para buscar nuevas pruebas de la existencia de Dios, fue sospechoso de no reconocer ninguno.

Tantas persecuciones suponían un gran mérito y una brillante reputación.

Así obtuvo uno y otra. La razón llegó incluso a prevalecer en el mundo a través

Frontispicio alegórico de los *Eléments de la philosophie de Newton*, de Mme. du Châtelet.

de las tinieblas de la Escuela y los prejuicios de la superstición popular. Adquirió tanto renombre que se le quiso hacer volver a Francia mediante recompensas. Se le propuso una pensión de mil escudos; vino con esa esperanza, pagó los gastos de la patente que entonces se vendía, no obtuvo la pensión, y regresó a filosofar en su soledad del norte de Holanda, en la época en que Galileo, ya con ochenta años, se lamentaba en las prisiones de la Inquisición por haber demostrado el movimiento de la Tierra. Falleció, finalmente, en Estocolmo, de una muerte prematura causada por un mal régimen, entre algunos sabios enemigos suyos y en manos de un médico que lo odiaba.

La carrera del caballero Newton ha sido totalmente diferente. Ha vivido ochenta y cinco años, siempre feliz y honrado en su patria.

Su gran suerte no ha sido sólo haber nacido en un país libre, sino en una época en que las impertinencias escolásticas habían sido barridas y sólo se cultivaba la razón, y el mundo no podía ser su enemigo, sino su alumno.

Una contraposición singular frente a Descartes es que, en el curso de una vida tan larga, no se le conoció ni pasión ni debilidad; no se acercó a ninguna mujer: es lo que me ha sido confirmado por el médico y el cirujano entre cuyos brazos ha muerto. Por eso, se puede admirar a Newton, pero no se debe censurar a Descartes.

La opinión pública en Inglaterra sobre estos dos filósofos es que el primero era un soñador y el otro, un sabio.

Hay pocas personas en Londres que lean a Descartes, cuyas obras se han hecho inútiles; de igual modo, muy pocas leen a Newton, ya que hay que ser muy sabio para comprenderlo. Sin embargo, todo el mundo habla de ellos: no se concede nada al francés y se le da todo al inglés. Hay quien cree que si ya no se toma en consideración el horror al vacío, si se utilizan gafas, todo se debe agradecer a Newton. Es como el Hércules de la fábula, a quien los ignorantes atribuían todas las hazañas de los demás héroes.

En una crítica hecha en Londres del discurso del Sr. Fontenelle, se ha osado decir que Descartes no era un gran geómetra. Los que tal cosa dicen podrían ser acusados de pegar a su nodriza: Descartes ha avanzado tanto desde el punto en que encontró la geometría hasta el que la llevó, como Newton ha hecho después de él. Es el primero que ha encontrado la manera de dar ecuaciones algebraicas a las curvas. Su geometría, que gracias a él ha llegado a ser común hoy, era tan profunda en su tiempo que ningún profesor se atrevió a intentar explicarla, y no había nadie más que Schooten en Holanda y Fermat en Francia que lo entendiesen.

Llevó este espíritu de la geometría y de invención a la dióptrica, que se convirtió en sus manos en un arte completamente nuevo, y si se equivocó en algunas cosas, es porque un hombre que descubre nuevas tierras no puede conocer de golpe todas sus propiedades; los que vienen detrás de él y convierten estas tierras en fértiles le deben, por lo menos, el mérito del descubrimiento. No negaré que todas las obras del Sr. Descartes contienen errores.

La geometría era una guía que, en cierta forma, había formado él mismo y que le había conducido con seguridad en su física. Sin embargo, al final abandonó esa guía y se entregó al espíritu de sistema. Entonces su filosofía no fue más que una novela ingeniosa y de lo más verosímil para los ignorantes. Se equivocó sobre la naturaleza del alma, sobre las pruebas de la existencia de Dios, sobre la materia, sobre las leyes del movimiento, sobre la naturaleza de la luz; admitió ideas innatas, inventó nuevos elementos, creó un mundo, hizo el hombre a su modo y se dijo, con razón, que el hombre de Descartes no es, en efecto, más que el propio Descartes, muy alejado del hombre verdadero.

Llevó sus errores metafísicos hasta pretender que dos y dos son cuatro sólo porque Dios lo ha querido así. Pero no es pecar en exceso afirmar que era admirable incluso en sus desvaríos. Se equivocó, pero al menos lo hizo con método y con un espíritu consecuente. Destruyó las quimeras absurdas con las que se engañaba a la juventud desde hace dos mil años; enseñó a razonar a los hombres de su tiempo y a servirse de sus armas contra él mismo. Si no pagó con buena moneda, es mucho haber denunciado la falsa.

En verdad, no creo que se pretenda comparar en nada su filosofía con la de Newton: la primera es un ensayo, la segunda es una obra maestra. Pero quien nos ha puesto en el camino de la verdad vale quizá tanto como el que lo ha seguido después hasta el final.

Descartes dio la vista a los ciegos que vieron los fallos de la antigüedad y los suyos propios. La ruta que abrió ha llegado a ser inmensa después de él. El librito de Rohaut ha sido considerado, durante mucho tiempo, una física completa, pero en la actualidad todas las compilaciones de las academias de Europa no conforman siquiera un inicio de sistema: profundizando en este abismo, se ha encontrado que es infinito. Se trata ahora de ver hasta dónde ha llegado el Sr. Newton en este precipicio.

Voltaire,
Cartas filosóficas

Dos traductores: una marquesa y un revolucionario

Es bien sabido que la marquesa Émilie du Châtelet, y amante de Voltaire, una mujer excepcional en una época en la que sólo las mujeres excepcionales tenían acceso al conocimiento, tradujo los Principia *de Newton. Pero menos conocido es que la otra gran obra de Newton,* Opticks, *fue traducida al francés por Jean-Paul Marat, «el amigo del pueblo», aquel a quien Charlotte Corday asesinó en la bañera. Dos destinos fuera de lo común...*

El que quería llegar a sabio

Jean-Paul Marat nace el 24 de mayo de 1743 en Boudry, en el cantón suizo de Neuchâtel. Su padre era un modesto artesano de origen sardo. Comienza sus estudios en el colegio de Neuchâtel. En 1760, se convierte en preceptor de los hijos del hombre de negocios Paul Nairac en Burdeos, y después, en 1762, se traslada a París. Posiblemente, en esa época empieza a ejercer la medicina. Tres años más tarde, se marcha a Londres. Vive de sus conocimientos como médico, aunque no recibe el título de doctor en medicina en la Universidad de Saint-Andrews hasta diez años más tarde, el 30 de junio de 1775. Regresa a París en 1776.

En la capital francesa, la suerte le sonríe en la persona de la marquesa de Laubespine. Es llamado a su cabecera y salva su vida cuando los médicos ya la habían desahuciado. Esta proeza tiene pronto su recompensa: la marquesa muestra a tal extremo su reconocimiento que se convierte en amante de Marat. El marqués, igualmente agradecido, lo recomienda al conde de Artois.

A pesar de estas buenas relaciones, Marat no consigue que la Academia publique su «Nuevos experimentos que sirven para perfeccionar la teoría de Newton sobre los colores o, mejor dicho, establecer una nueva», donde no duda en criticarle.

De una manera general, en su crítica a los experimentos de Newton, [...] Marat subraya implícitamente que dichos experimentos son más bien construcciones realizadas a partir de una determinada concepción teórica que simples observaciones. Escribe: «Es desafortunado, y aún más extraño, que Newton haya escogido siempre para observar el juego de la luz, los puntos de vista que no le permiten darse cuenta de la ilusión de los fenómenos».

En 1785, Marat, convencido de ser objeto de la persecución del «charlatanismo académico», publica su nueva traducción de *Opticks* de Newton sin el nombre del autor de la misma. La traducción es aprobada por la Academia, prueba de que Marat tenía razón al sentirse condenado al ostracismo.

Aunque la traducción no es tan «literal» como la de Coste [traducción canónica publicada en 1720], no altera en modo alguno el contenido del texto newtoniano. Marat consigue una mejor versión que Coste ajustándose menos literalmente que este último al texto newtoniano.

Michel Blay,
«Études sur l'optique newtonienne»,
en Isaac Newton, *Optique*,
trad. Jean-Paul Marat,
Christian Bourgois, 1989

Una mujer más sabia que los hombres más sabios

Esta traducción, que deberían haber hecho los hombres más sabios de Francia y que los demás deberían estudiar, la ha emprendido y acabado una dama, para asombro y gloria de su país: Gabrielle-Émilie de Breteuil, esposa del marqués de Châtelet.

Ya habría sido extraordinario para una mujer conocer la geometría corriente, que no es más que una introducción a las sublimes verdades que se enseñan en esta obra inmortal; sin embargo, era necesario que la marquesa de Châtelet hubiera avanzado profundamente por el camino abierto por Newton, y que dominara lo que este gran hombre había enseñado. Estamos frente a dos prodigios: el primero, que Newton haya realizado esta obra; el otro, que una dama la haya traducido y la haya aclarado.

Debido a que la bondad de su espíritu la había hecho enemiga de los partidos y los sistemas, se entregó totalmente a Newton. En efecto, éste nunca estableció un sistema, ni supuso nada, ni afirmó ninguna verdad que no estuviera fundada en la geometría más sublime o en experimentos incuestionables. [...] Todo lo que se da aquí como principios es realmente digno de este nombre: son los primeros resortes de la naturaleza, desconocidos antes de él, y que no se puede pretender ser físico sin conocerlos. [...]

La Sra. de Châtelet ha prestado a la posteridad un doble servicio traduciendo el libro de los *Principios* y enriqueciéndolo con sus comentarios. Es cierto que todos los sabios comprenden la lengua latina en la que están escritos, pero la lectura de temas abstractos en lenguas extranjeras es siempre dificultosa. Por otra parte, el latín no tiene términos para expresar las verdades matemáticas y físicas de las que carecían los antiguos. Ha sido necesario que los modernos creasen palabras nuevas para reflejar estas ideas nuevas. Es un gran inconveniente en los libros científicos, y es necesario reconocer que no vale la pena escribir libros en una lengua muerta a la que hay que añadir siempre expresiones desconocidas en la antigüedad y que pueden poner en apuros. El francés, que es la lengua dominante en Europa, y que se ha enriquecido con todas esas expresiones nuevas y necesarias, es más adecuado que el latín para diseminar por el mundo todos los nuevos conocimientos.

Voltaire,
Éloge historique
de la marquise du Châtelet

Newton alquimista

«Newton no ha sido el primero de los hombres de la era de la razón, sino más bien el último de los magos, de los babilonios, de los sumerios, el último gran espíritu capaz de contemplar el mundo visible y el mundo intelectual con los ojos de los que, hace menos de diez mil años, empezaron a construir nuestro patrimonio intelectual.»

¿Sabio o mago?

El autor de este juicio totalmente contrario a la opinión que hace de Newton el «padre de la razón» no es otro que John Maynard Keynes, el famoso economista que, en 1936, adquirió en subasta los manuscritos de Newton que trataban de la alquimia y de la teología que la Universidad de Cambridge había rechazado cincuenta años antes con la justificación de que no eran científicos.

Newton, un mago. ¿Por qué he utilizado esta palabra? Porque él ha considerado el Universo y todo lo que existe como un enigma, un secreto que podía ser descifrado aplicando el pensamiento puro y ciertos signos, ciertos indicios místicos que Dios había dispuesto en el mundo, para una búsqueda del tesoro reservada a la cofradía de los esotéricos. Pensaba que estos indicios se podían buscar, en parte, en lo que muestra el cielo y en la constitución de los elementos (de la imagen, falsa, que hace un experimentador en el campo de la filosofía natural), y también en ciertos escritos y ciertas tradiciones que la cofradía hacía remontar, en una cadena ininterrumpida, hasta la revelación críptica original de la antigua Babilonia. Para él, el Universo era un criptograma dispuesto por el Todopoderoso...

John Maynard Keynes,
Citado por Betty Jo T. Dobbs,
The Foundations of Newton's Alchemy o «The Hunting of the Green Lyon»,
Cambridge University Press, 1975

Newton, el rebelde

Fue necesaria toda la autoridad intelectual de Keynes (recordemos que no era ni historiador de la ciencia ni físico) para poner en primer plano esta parte

Dibujos «alquímicos» de Newton.

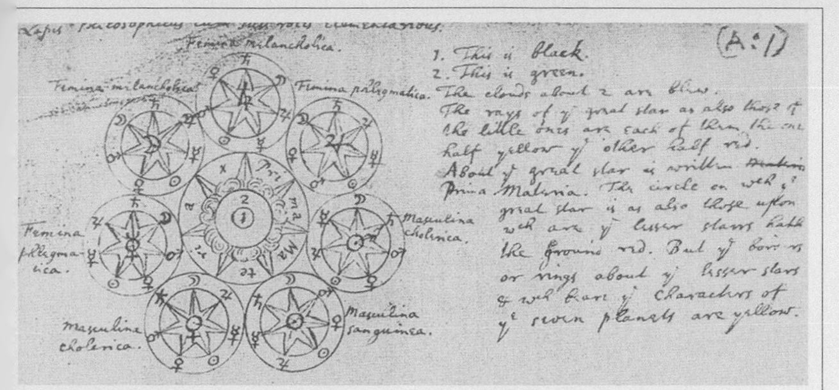

escandalosa de la obra de Newton que la clase dirigente científica había querido ignorar hasta entonces. Sin embargo, en la actualidad se considera que la obra alquimista de Newton, lejos de ser extraña a sus trabajos «científicos» (lo que ya deja entender Keynes, que no hace más que invertir el orden de preeminencia), está íntimamente ligada con ellos. Richard Westfall, autor de una biografía científica de Newton, habla de este tema como de «rebelión».

Me parece que es necesario ver el interés que lleva a Newton a la alquimia como una manifestación de la rebeldía en contra de los límites en los que el pensamiento mecanicista encierra la filosofía natural. Si se acepta que toda su vida estuvo orientada a la búsqueda de la Verdad, no cabe esperar que ese primer amor lo dejara satisfecho. Es posible que la filosofía mecanicista hubiera sucumbido a sus deseos demasiado fácilmente. Insatisfecho, habría continuado la búsqueda y encontrado en la alquimia y las filosofías que le son propias una nueva amante, de un ingenio infinito, que parecía que nunca se le sometía del todo. Mientras que las otras acababan por cansarlo, con ésta el apetito aumentaba comiendo. Newton la cortejó con ardor durante más de treinta años.

Es posible que la palabra «rebeldía» sea demasiado fuerte, y que quizá fuera mejor hablar de una rebeldía parcial. Newton jamás abandonó a su primer amor. Nunca dejó de ser, en esencia, un filósofo mecanicista. Estuvo siempre convencido de que las partículas de la materia en movimiento constituyen la realidad física. Pero, mientras que los filósofos mecanicistas más estrictos sostenían que la realidad física está constituida sólo por las partículas de materia en movimiento, Newton, por su parte, llegó muy pronto a pensar que estas categorías eran demasiado restringidas para englobar y explicar la realidad de la Naturaleza. La alquimia desempeñó un papel fundamental en su trayectoria intelectual, y le abrió nuevas perspectivas, nuevas categorías que vendrían a añadirse y a completar las categorías mecanicistas demasiado restringidas.

Richard S. Westfall,
Isaac Newton: Una vida,
Cambridge University Press, 1980

El retrato de Newton por Fontenelle

Elegido miembro extranjero de la Academia de las Ciencias en 1699, Newton tiene derecho, en 1727, al elogio fúnebre oficial pronunciado por Bernard le Bovier de Fontenelle, secretario de tan prestigiosa institución. Tras recordar los años de formación de Newton, Fontenelle hace una exposición de sus trabajos, dando quizá más relevancia a la óptica que a la gravitación. Termina su elogio con un retrato de Newton, en lo físico y en lo moral, que es un modelo de su género: ¡a ver quién es capaz de discernir si la ironía es voluntaria o no!

Era de estatura mediana, algo grueso en los últimos años, la mirada muy viva y penetrante; la fisonomía agradable y venerable al mismo tiempo, sobre todo cuando se quitaba la peluca y dejaba ver una cabellera completamente blanca, abundante y muy espesa. Nunca utilizaba gafas, y conservó toda su dentadura hasta el fin de sus días. Su nombre debe justificar estos pequeños detalles.

Era de naturaleza amable y estimaba en extremo la tranquilidad. Habría preferido ser desconocido a ver turbada la calma de su vida por las tempestades literarias que el espíritu y la ciencia atraen sobre los que se elevan demasiado. Se puede leer en una de sus cartas del *Commercium epistolicum* que cuando su tratado sobre la óptica estaba a punto de imprimirse, las prematuras objeciones que suscitó le hicieron abandonar su propósito.

«Me reprocharía mi imprudencia de perder algo tan real como la paz por perseguir una sombra», afirmó. Pero, más adelante, esta sombra no se le escapó ni le costó esa paz que estimaba tanto, y fue para él tan real como su propia tranquilidad.

Un carácter amable tiende naturalmente a la modestia, y es evidente que conservó siempre la suya sin alteración, aunque todo el mundo se conjurara en su contra. No hablaba nunca de sí mismo ni de los demás; actuaba siempre de manera que nadie, ni a los observadores más maliciosos, pudiera suponer en él el menor indicio de vanidad. Cierto es que no le fue necesario presumir, pero muchos otros no han dejado de hacerlo de buen grado, siendo tan difícil confiar en alguien. ¡Cuántos grandes hombres han hecho desafinar el coro de las alabanzas a ellos dirigidas incluyendo en él su voz!

Era sencillo, afable y siempre al nivel de cualquiera. Los genios de primer orden no desprecian en absoluto lo que está por encima de ellos, en tanto que los otros

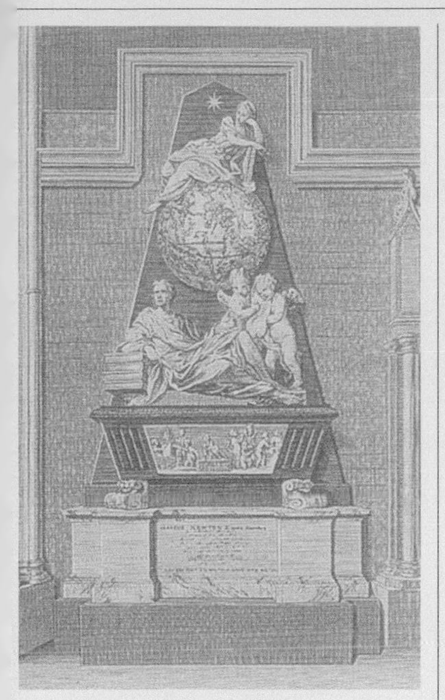

La tumba y el monumento funerario de Newton en la abadía de Westminster (*superior*) fueron diseñados por el arquitecto William Kent y esculpidos por John Michael Rysbrack.

sí lo hacen. No creía que, ni por sus méritos ni por su reputación, estuviera dispensado de ninguno de los deberes propios del trato normal de la vida. No tenía ninguna rareza, ni natural ni afectada; sabía ser un hombre común cuando hacía falta.

Aunque pertenecía a la Iglesia anglicana, no persiguió a los disidentes para hacerlos cambiar. Juzgaba a los hombres por sus costumbres y para él, los verdaderos disidentes eran los viciosos y los malvados. Esto no quiere decir que fuera partidario de la religión natural; era un convencido de la revelación, y, entre los libros de todos los tipos que siempre le rodeaban, el que leía con más asiduidad era la Biblia.

La abundancia de que gozaba, por su gran patrimonio y por su cargo, aumentada aún más por la sobriedad de su vida, y le daba los medios para hacer el bien. No creía que dejar en testamento fuera realmente dar; por ello no lo hizo, sí en cambio donaciones generosas a sus parientes y a aquellos de los que sabía que tenían alguna necesidad. Sus buenas acciones de uno u otro tipo fueron frecuentes y sustanciales. Cuando el decoro le exigió en determinadas ocasiones gastos y pompas, se mostró magnífico, sin quejarse y de buen grado. Fuera de esas ocasiones, reprimió severamente todo ese fasto que, por otra parte, no parece excesivo nada más que a los mezquinos, e hizo uso de los fondos con fines más apropiados. De hecho, sería un prodigio que un espíritu acostumbrado a la reflexión y alimentado por los razonamientos fuera amante al mismo tiempo de esta magnificencia vana.

No se casó, y es posible que no tuviera tiempo de pensar en ello, dedicado en la flor de la vida a profundos y continuados estudios, ocupado después por importantes responsabilidades e incluso por su gran consideración, que no le dejó ni vacíos en su vida ni la necesidad de una sociedad doméstica.

Dejó unas 32.000 libras esterlinas en bienes inmuebles, es decir, 700.000 libras en nuestra moneda. También Leibniz, su competidor, murió rico, aunque un poco menos, y con una suma de reservas bastante considerable. Estos raros ejemplos, ambos extranjeros, merecen que no caigan en el olvido.

Fontenelle

El cenotafio de Newton

En «La ciudad geométrica», Jean Starobinski analiza uno de los proyectos más sorprendentes de la historia de la arquitectura, concebido por Étienne-Louis Boullée en 1784. Titulado «Cenotafio de Newton», no se llegó a construir y pretendía ser un homenaje soñado de la arquitectura a quien diera luz a la humanidad, y en especial a los arquitectos, revelando que la geometría es el idioma de la razón.

La geometría es el idioma de la razón en el universo de los signos.

Retoma todas las formas en su origen, en su principio, al nivel de un sistema de puntos, de líneas y de proporciones constantes. Toda adición o irregularidad aparecen como una intrusión del mal: los hombres de la ciudad utópica no quieren nada superfluo.

Éstos son los conceptos del urbanismo y la arquitectura de los que, un poco sumariamente, hacen uso los escritores utopistas y los reformistas de salón. ¿Y los arquitectos? ¿Y los profesionales? Vemos que, por su parte, se dejan convencer y que en sus proyectos, y a veces en sus realizaciones, vuelven de nuevo sus ojos a la geometría. En su inspiración monumental, que adquiere a nuestros ojos el aspecto de un sueño, se prohíben soñar caprichosamente: les mueve la simplicidad, la grandeza y el gusto.

Se ve que el sueño y la imaginación tienden a restar, a borrar, más que a multiplicar, las invenciones del detalle. «El círculo y el cuadrado», escribirá Ledoux [arquitecto del siglo XVIII, que proyectó las Salinas reales de Arc-et-Senans], «son las letras alfabéticas que utilizan los autores en el texto de sus mejores obras».

Sombras y luces

Pero, esta arquitectura apasionada de la simplicidad no produce una imagen simple. En el proyecto del cenotafio de Newton, Boullée coloca en el centro de una inmensa esfera una representación del Sol. Todo el edificio debe subordinarse a la centralidad de un principio luminoso y a lo irresistible de sus rayos. Pero incluso Boullée, deseoso de expresar «la inmutabilidad», sueña con rivalizar con las pirámides y los hipogeos de los egipcios; en sus proyectos, define las condiciones de una «arquitectura sepulta» y de una «arquitectura de las sombras». Para suscitar la atractiva tristeza que gusta a sus contemporáneos, imitará «aquello que es más sombrío en la naturaleza». Todo ocurre como si la arista rectilínea de los edificios macizos, que separa de un modo estricto una cara de luz y otra de sombra, invitara a Boullée a prestar por lo menos la misma atención a los éxitos de la luz que a los recursos de

la sombra. En el nuevo espíritu de la arquitectura geométrica prevalece la contradicción: el rigor absoluto de las formas trazadas por la razón engendra masas de sombras homogéneas. Volúmenes en los que está cautiva la noche, dominada por la maestría y la determinación del diseño lineal. Pero se presiente que la sombra, así liberada, purificada y concentrada, podrá independizarse para constituir un reino aparte.

Vuelta a los principios

Para numerosos contemporáneos, recurrir a los principios [el título de la gran obra de Newton es *Principia matematica philosophiae naturalis*] es el signo de una nueva época; el conocimiento riguroso y la acción basada en dicho conocimiento suplantan una era de imaginación, de invención, de plenitud de las artes, en adelante el pasado. Citemos aquí algunas líneas de Rabaut Saint-Étienne: «En el dicurrir del espíritu humano, el siglo de la filosofía sucede necesariamente al de las bellas artes. Se empieza imitando la naturaleza y se acaba por estudiarla: primero se observan los objetos y, a continuación, se buscan las causas y los principios...».

Jean Starobinski,
1789, *Los emblemas de la razón*,
Gallimard, 1973

Este proyecto utopista de cenotafio para Newton, realizado por el arquitecto Boullée en el siglo XVIII, no se llegó a construir.

Newton y los poetas

Muy pronto, Newton fue objeto de obras poéticas como no lo había sido nadie antes que él, y los poetas no dudaron en identificarlo con la Naturaleza e, incluso, equipararlo a Dios. A este exceso de gloria siguió, en el siglo XIX, un exceso de vituperio. Así, en la poesía romántica, Newton aparece como «el filósofo», el que ha roto el encanto, reducido el arco iris a números, eliminado la imaginación y sometido la emoción y el misterio a las leyes de la razón...

Nature and Nature's law lay hid in night
God said let Newton be and all was light.
[La Naturaleza y sus leyes estaban escondidas en la noche/ Dios dijo: Hágase Newton, y todo fue luz.]

Alexander Pope

Confidentes del altísimo, sustancias
eternas,
que ilumináis con vuestros rayos
y cubrís con vuestras alas
el trono en el que se sienta entre
vosotros vuestro maestro,
hablad: ¿no tenéis celos
de Newton?
El mar oye su voz. Veo el imperio
de las aguas
elevarse, subir hacia el cielo
que lo llama,
pero un poder central detiene
sus esfuerzos.
El mar cae, se desploma, rueda hacia
sus bordes.
Cometas temidos como el trueno,
cesad de espantar a las gentes
de la Tierra;
vuestro curso está en una elipse
inmensa:
subid, bajad cerca del astro
del día;
lanzad vuestros rayos, volad,
y volviendo sin cesar
despertad la vejez de los mundos
agotados.
Y tú, hermana del Sol, astro que
en el cielo
engañabas los ojos deslumbrados
de los sabios,
Newton ha marcado los límites
de tu curso:
camina, ilumina las noches,
tu trayecto está escrito.
[...]
Dios habla y, a su voz, el caos
desaparece:
todo gravita a la vez hacia
un centro común.
Este resorte tan potente,
el alma de la naturaleza,
estaba sepultado en una
noche oscura:
el compás de Newton, midiendo
el universo,
quita por fin este gran velo,
y se abren los cielos...

Voltaire, *Epître LI* (extracto), 1736

[...] y, en cuanto al filósofo,
que la grama y el malicioso cardo
sean lo que adorne sus sienes.
¿No desaparecen todos los encantos,
al simple contacto con la fría
filosofía?
Había un arco iris que, en otro tiempo,
venerábamos en el firmamento:
conocemos su trama, su textura;
y ha pasado a formar parte del
catálogo de las cosas comunes.
La filosofía cortará las alas
de los ángeles,
conquistará todos los misterios
con la ayuda de reglas y líneas,
vaciará la atmósfera de embrujos
y las minas que habitan los gnomos,
quitará la poesía al arco iris...

John Keats,
«Lamia», 1819

Pero estos soles asentados en su centro
ardiente,
y cada uno rey de un mundo que gira
a su alrededor,
no tienen un lugar fijo.
Cada uno con su mundo arrastrado por
el espacio
Avanzan por sí mismos: un peso
invencible
los somete al yugo de leyes irresistibles...

André Chénier
Hermes (extracto), 1884

Newton, viendo caer la manzana,
concibió la materia y sus leyes:
¿surgirá alguna vez
un Newton para el alma humana?

Como existe en el azul infinito,
un centro hacia el que cuelgan los pesos
así todas las almas tienden
hacia un centro único, a su Dios.

[...] ¿Quién sondará este universo
y la potente atracción que lo dirige?
Ven, Newton del alma humana,
y se abrirán todos los cielos.

Sully Prudhomme
«Le Monde des âmes»,
Poésies, 1883

Una visita a Herschel

Naturalista, geólogo y promotor activo de los aerostatos de aire caliente y de gas, Faujas de Saint-Fond visitó a Herschel en 1784, tres años después de que éste descubriera Urano, que en esa época se llamaba todavía «Herschel». Su diario nos permite conocer al gran astrónomo y a su excelente hermana, y, de paso, nos proporciona las impresiones de un turista francés en Londres, cinco años antes de la Revolución francesa.

Visita al observatorio de Greenwich

«El viernes 13 de agosto (1784), dediqué casi toda la mañana a escribir y a clasificar los objetos de historia natural que me han regalado. A la una, con el conde Andréani y el señor Thornton, subimos al carruaje que nos llevó al Observatorio Real, que está a ocho millas de nuestra residencia, en el número seis de la calle Howard, y el viaje nos ha costado 19 libras.

En el Observatorio nos hemos encontrado con muchos miembros de la Royal Society que estaban de visita comisionados por el rey, ya que la astronomía es objeto de gran interés en Londres, en especial en lo referente a la navegación.

Este Observatorio se halla en un paraje muy hermoso, sobre una colina bastante alta que domina la parte más bella del Támesis y de Londres. La multitud de embarcaciones que ocupan prácticamente todo el río, los mástiles que se confunden con los campanarios, tres grandes puentes sobre el Támesis, y una gran cantidad de campanarios y de edificios de todos los tipos forman un espectáculo tan encantador como extraordinario.

Los edificios del Observatorio son sencillos, sin fastuosidad, con una arquitectura simple, y construidos en ladrillo, pero la parte dedicada a los instrumentos no deja nada que desear en grandeza, precisión y variedad. Todos los instrumentos son de lo mejor.

El señor Maskline ha tenido la amabilidad de mostrarnos todo y de explicárnoslo con el mayor cuidado. Los señores Aubert y Sancks nos han presentado al señor Herschel, tan famoso por sus telescopios y sus descubrimientos astronómicos, y que estaba entre los comisarios para la visita al Observatorio. Me ha satisfecho en extremo conocer al señor Herschel, que es tan amable como sabio, y que me permitirá visitarle en su observatorio, donde pasaremos la noche del domingo al lunes para observar el cielo.

A las cuatro hemos ido a comer a un famoso restaurante cerca del Observatorio, donde nos han ofrecido un gran banquete a la inglesa. He estado al lado del señor Cavendish y Blagden; la comida ha sido muy alegre, y se ha prolongado hasta las siete, después de lo cual hemos pasado a un salón en el que nos esperaban el té y el café. Éste era detestable... El señor Maskline ha bendecido la mesa antes de la comida y antes de abandonarla. Ambas oraciones no han durado más de un minuto. Me han dicho que es una costumbre en las comidas públicas.

El sábado, 14 de agosto, he ido a ver un aerostato de aire caliente, construido bajo la dirección del señor Schelden y el mayor Gardinner. Este globo de aire caliente es de tela, con un barniz semejante al de los hules que, a la vista de las muestras que me han hecho ver, he desaprobado de entrada, pero que no me ha parecido tan mal cuando he visto el globo, que tiene 56 pies de diámetro y es de forma esférica; en las pruebas se ha llenado muy bien, pero como consecuencia de mis observaciones, se ha decidido hacerlo más grande, y se hará de 80 pies, estando previsto realizar la experiencia el viernes...

En casa del señor William Herschel

El observatorio del señor Herschel está en una casa de campo a 20 millas de Londres y he llegado acompañado del conde Andréani y del señor Thornton a las diez de la noche.

Hemos encontrado al señor Herschel en su jardín ocupado en las observaciones, y a su hermana en un salón ante un atlas de Flamsteed, con un péndulo a su lado, con un cuadrante de aguja unido con un cordel con los telescopios de su hermano, tomando nota de sus observaciones. Este entendimiento fraterno aplicado a las ciencias abstractas, la escrupulosa atención entre ellos, su actividad, su constancia en el trabajo y las noches consecutivas dedicadas a las observaciones, constituye un ejemplo poco frecuente, y toda mi vida estaré orgulloso de haberlo visto en persona.

El observatorio del señor Herschel no está en la parte alta de su casa de campo. Ha preferido situarlo sobre una base más sólida, de modo que ningún movimiento pueda afectar sus magníficos instrumentos. De hecho está en el jardín. Se puede ver el telescopio con el que fue descubierto el octavo planeta, al que el señor Herschel dio el nombre del rey de Inglaterra, pero al que todos los sabios de Europa, de manera unánime, rebautizaron para darle el nombre de su descubridor. El telescopio con el que tuve el placer de hacer observaciones durante dos horas, y ver las estrellas coloreadas, tiene siete pies de longitud y un diámetro de seis pulgadas y media. El señor Herschel me hizo saber que, antes de lograr su actual estado de perfección, había fundido, y trabajado él mismo, doscientos espejos.

Este observatorio tiene, en la actualidad, un telescopio de 10 pies y otros dos de 20 pies, de los que uno tiene un diámetro de 18 pulgadas y tres cuartos. El espejo de este último pesa 150 libras. Esta enorme máquina está montada sobre un mecanismo tan sencillo y cómodo que hasta un niño lo puede mover con toda facilidad. No hay nada más impresionante que este observatorio al aire libre. Cuando el señor Herschel busca, por ejemplo, una nebulosa o una estrella de determinada magnitud, llama desde el jardín a su hermana, que se acerca a la ventana y consulta una de las grandes tablas manuscritas, y desde allí le dice en voz alta: cerca de la *estrella gamma*, hacia Orión o en tal *constelación*. Nada resulta más emocionante ni tan amable como este acuerdo y esta simple manera de actuar.

El día a día en Laponia

El abate Outhier no era únicamente el cartógrafo y dibujante de la expedición de Maupertuis: su «Diario de un viaje al norte en 1736 y 1737», publicado a su regreso, nos proporciona una amplia información sobre la vida cotidiana del equipo y sus trabajos. Los dos extractos que siguen muestran el gran cuidado artesanal que se tuvo con las verificaciones efectuadas en la primavera de 1737 para evaluar la precisión de los resultados obtenidos.

«Diario de un viaje al norte en 1736 y 1737»

Por el señor Outhier, sacerdote de la diócesis de Besançon, corresponsal de la Academia Real de las Ciencias.

El señor de Maupertuis, inmediatamente después de su regreso de Pello, ha reemprendido las observaciones sobre el alargamiento o acortamiento de las toesas de madera, ocasionados por el calor o por el frío.

En la semana de Pascua, observamos la declinación de la aguja imantada, y determinamos que era de cinco grados y unos cinco minutos. Hemos visto que era casi la misma que en el mar Báltico, antes de llegar a Estocolmo.

Verificada la dirección del meridiano el 24 de mayo

El Sol se ha puesto totalmente a las 10:10 horas. Nos hemos desplazado al lugar más elevado de la isla Swentzar. Hemos observado con un cuadrante

Medida astronómica del arco de meridiano

Cabaña de lapones entre los abetos.

el ángulo entre el Sol en el horizonte y la señal de Kakama, contando al mismo tiempo los segundos con un péndulo colocado allí cerca, en una de las casas utilizadas tan sólo para alojar el ganado y el forraje, que estaba vacía. La noche era muy hermosa; a la mañana siguiente, se volvió a determinar el mismo ángulo, entre el Sol que se elevaba en el horizonte y la misma señal. La dirección de nuestra serie de triángulos con relación al meridiano que resultó de estas observaciones mostró una diferencia de algunos minutos con la dirección que se había encontrado en Pello. Al principio nos sorprendió, pero pronto nos dimos cuenta de que como Kittisvaara y Tornio no estaban en el mismo meridiano debíamos encontrar algunas diferencias, debido a que los dos meridianos concurren sensiblemente hacia el polo en el sitio en que nos encontrábamos. El señor Clairaux hizo el cálculo de la diferencia que debía dar el concurso de los dos meridianos y se encontró que las direcciones de los triángulos tomados en Kittisvaara y en Tornio coincidían con una diferencia de medio minuto.

Longitud del grado de meridiano en el círculo polar

Para determinar exactamente esta amplitud del arco de meridiano, es necesario hacer tres correcciones: la primera, debida al movimiento propio, aparente por lo menos, de las estrellas fijas; la segunda, debido a la aberración de las mismas estrellas, causada por el movimiento sucesivo de la luz; y la tercera, porque el arco graduado del limbo a los 5,5° era 3,75", demasiado corto. Aunque el señor Graham se había dado cuenta de ello y había informado al señor Maupertuis, nos aseguramos con una verificación particular del sector, que hicimos los días 3, 4, 5 y 6 del mes de mayo.

El señor Camus había colocado el sector horizontal en una habitación de la casa donde se alojaba. Observamos el ángulo horizontal entre dos miras, fijadas a dos grandes postes fijados en el hielo. Éstas, separadas una de otra 36 toesas, 3 pies, 6 pulgadas y 6 2/3 líneas, formaban una tangente en la que el radio se había medido dos veces y se había determinado que era de 380 toesas, 1 pie, 3 pulgadas y 0 líneas. Hicimos, cada uno por nuestra cuenta, la medición de este ángulo y, entre las observaciones extremas, hallamos una diferencia no mayor de dos segundos. Tomando el valor medio, el ángulo era de 5° 30' 7,3".

Para hacer esta observación, que servía para verificar todo el arco del limbo, el señor Camus había tendido un hilo que pasaba rozándolo y marcaba las divisiones. Tendió después un segundo hilo, y con ambos se verificaron mediante observaciones las divisiones de grado en grado.

Los planetas extrasolares

El «Sistema del mundo» de Newton es el Sistema Solar. Sin embargo, hay otras estrellas que pueden ser circundadas por planetas que se mantienen en órbita siguiendo las leyes de la gravitación universal. Fontenelle ya había imaginado «una pluralidad de mundos posibles». El primero de estos planetas extrasolares fue descubierto en 1995. La posible existencia de «otros mundos» excita la imaginación tanto de nuestros contemporáneos como la de los de Fontenelle: ¿y si, alrededor de una estrella, existiera un planeta en el que fuera posible la vida, otra Tierra?

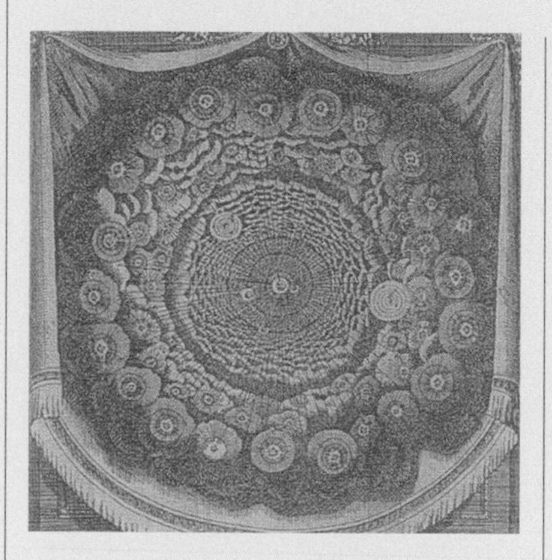

En esta lámina tomada de *Entretiens sur la pluralité des mondes de Fontenelle* (1719), se ve, en el centro, al Sol rodeado de sus planetas (Mercurio, Venus, la Tierra, Marte, Júpiter y Saturno), así como otros sistemas planetarios que giran alrededor del Sistema Solar. Pero como Fontenelle era partidario de los vórtices de Descartes, pidió al grabador que rodeara a los unos y a los otros por dichos «vórtices».

Júpiteres calientes

El primer descubrimiento de estos exoplanetas se remonta a 1995. Este planeta que gira alrededor de la estrella 51 Pegasi, con una masa algo menor que la del Sol y varios millones de años más antiguo, fue descubierto por los investigadores suizos Michel Mayor y Didier Queloz. Su masa es, como mínimo, un 45 % la de Júpiter y su período orbital, de 4,23 días, es decir, algo menos de una vigésima parte el de Mercurio. Posteriormente se han detectado otros planetas semejantes. [...] Esto quiere decir que un 17 % de las estrellas del tipo solar posee planetas del tamaño de Júpiter en los que el período orbital no es superior a una semana. Con una gran masa y con órbitas cercanas a la estrella, reciben el nombre de «júpiteres calientes».

Jack J. Lissauer
en *La Recherche*,
diciembre de 2002

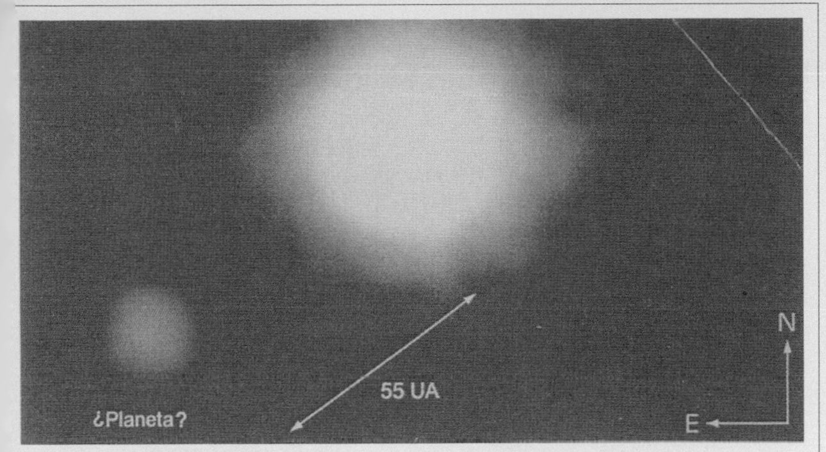

En el centro de la imagen, la enana marrón 2M1207 en la constelación Hidra. El punto próximo de la izquierda podría ser un exoplaneta.

¿Cómo se ha podido formar un planeta tan pesado tan cerca de su estrella?

Las temperaturas que reinan en las regiones centrales de la nebulosa primitiva, allí donde se encuentra en la actualidad 51-Pegasi-B, son muy elevadas. La condensación de las partículas y la acreción de un núcleo rocoso son, pues, prácticamente imposibles. Y lo que es peor, los efectos de marea [que proyectan las partículas hacia el exterior] que ejerce la estrella sobre el gas de la nebulosa impiden la agregación local de materia que daría lugar a un planeta gigante. Para explicar esta paradoja, hay que imaginar que el planeta se haya formado más lejos, más allá de 3 UA (unidades astronómicas). Después podría haber derivado hasta alcanzar su posición actual (4,5). Esto plantea una cuestión importante: ¿y si Júpiter, Saturno, Urano y Neptuno se hubieran formado en otras órbitas distintas de las actuales?

Gilles Chabier y Tristan Guillot,
en La *Recherche*,
septiembre de 1996

¿Se tendrán pronto imágenes?

Hoy en día [en 1999], es todavía imposible fotografiarlos [los exoplanetas] directamente. Nos contentamos con observar el movimiento que, bajo la acción de su propia acción gravitatoria, inducen sobre su «estrella madre». Este movimiento, cuyo período y amplitud nos informan sobre la masa del planeta [aplicando las leyes de Newton], se pone de manifiesto por las variaciones del espectro de la estrella...

Jean Schneider,
en La *Recherche*,
junio de 1999

En la primavera de 2005, parece haberse superado el obstáculo tecnológico gracias a los nuevos métodos ópticos. Cuatro equipos de investigadores, entre el 22 de marzo y el 30 de mayo, anuncian disponer de clichés de exoplanetas.

BIBLIOGRAFÍA

– Flammarion, Camille, *Astronomía popular*, Maxtor, Valladolid, 2003 (ed. facsímil de la de F. Granada y Cª. de 1906).
– La Cotardière, Philippe de, *Dictionnaire de l'astronomie*, Larousse, 1999.
– Levasseur-Rigoud, Any-Chantal y La Cotardière, *Halley, le roman des comètes,* Denoël, 1985.
– Pecker, Jean-Claude, *La Nouvelle Astronomie*, Hachette, 1971.
– Verdet, Jean-Pierre, *Histoire de l'Astronomie ancienne et classique*, PUF, «Que sais-je ?», 1998.

Para el que le guste la observación
– *Guide S. A. F. de l'astronome amateur*, Société Astronomique de France, 3 rue Beethoven, 75016, París.

Y para quien quiera iniciarse en los cálculos...
– Meeus, J., *Calculs astronomiques à l'usage des amateurs*, Société Astronomique de France.

Sobre Newton
– Bourgeois, Christian, *Newton* (traducción de J.-P. Marat), Optique, 1989.
– Dobbs, Betty Jo Teeter, *The foundations of Newton Alchemy o The Hunting of the Green Lyon*, Cambridge University Press, 1983.
– Gleick, James, *Isaac Newton, La mente que cambió la historia*, RBA, 2005.
– Newton, Isaac, *Dela Gravitation*, Gallimard, «Tel», 1995
– Newton, Isaac, *Principios matemáticos de la filosofía natural*, Atalaya, 1993.
– Verlet, Loup, *La Malle de Newton*, Gallimard, 1993.
– Westfall, Richard S., *Newton: una vida*, Biblioteca ABC, 2004.

ÍNDICE DE ILUSTRACIONES

CUBIERTA

CAPÍTULO 1

CAPÍTULO 2

CAPÍTULO 3

CAPÍTULO 4

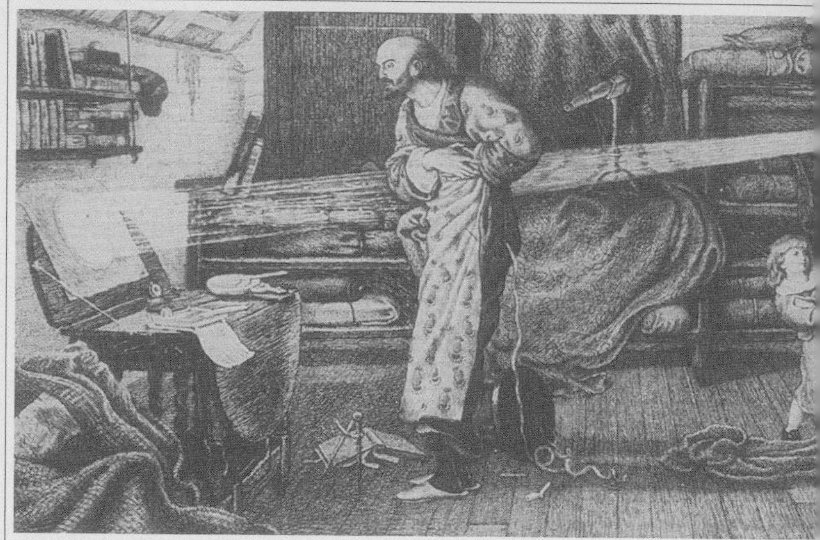

74 Primera edición de los *Principia* de Newton, 1686, Biblioteca del Instituto, París.
75iziz. Los manuscritos de Newton de los *Principia* con sus correcciones, Royal Society, Londres.
75d Una página de los *Principia* de Newton, Biblioteca del Instituto, París.
76 Retrato de Edmond Halley por Richard Phillips, grabado, National Portrait Gallery, Londres.
77 *Un impresor* (detalle de una imprenta), cuadro, colección particular.
78 Retrato de Samuel Pepys hacia 1666, National Portrait Gallery, Londres.
79s Café de Londres en el siglo XVIII, cuadro, Museo Británico, Londres.
79i *Marine, clair de lune*, cuadro de J. Vernet, Museo del Louvre, París.
80 Un sistema hidráulico, grabado, siglo XVI.
81iz. Figuras de *Traité de la pesanteur de l'air*, de Pascal, grabado, 1663.
81d Máquina que avanza gracias a un chorro de vapor, demostración de la tercera ley de Newton («Acción y reacción»), por W.J.'s Gravesande en *Physics Elementa Mathematica*, grabado, siglo XVIII.

CAPÍTULO 5

82 La Tierra, fotografía tomada por el satélite Meteosat de la ESA.
83 Portada de *Philosophical Transactions*, siglo XVIII, Biblioteca del Instituto, París.
84 Portada de la primera edición de *Opticks* de Newton, 1704.
84d Retrato de Newton por A. Verrio, Burghley House, Lincolnshire.
85i. Figura del tratado *Opticks* de Newton, Biblioteca del Observatorio, París.
86s Péndulo, grabado, siglo XVIII, Biblioteca Nacional, París.
86/87i Vista de la base medida en la llanura de Yavouqui en *Journal de voyage de La Condamine au Pérou*, grabado, siglo XVIII, Biblioteca del Observatorio, París.
87s *Retrato de P.L. Moreau de Maupertuis*, cuadro, 1743, Observatorio de París.
88 Vista de la casa de Corten-Niemi y de la montaña de Kittis, grabado en *Journal d'un voyage au Nord*, del abate Outhier, 1744, Biblioteca del Observatorio, París.
89 Reno enganchado a un trineo, grabado en *Journal d'un voyage au Nord*, del abate Outhier, 1744, Biblioteca del Observatorio, París.
90 Medidas de Bouguer en Perú, en *La Figure de la Terre*, Biblioteca del Observatorio, París.
91 Mapa del meridano de Quito, de La Condamine, «Mesure des trois premiers degrés du Méridien», Biblioteca del Observatorio, París.
91d Mapa del río de Tornio en *Journal d'un voyage au Nord*, del abate Outhier, Biblioteca del Observatorio, París.

TESTIMONIOS Y DOCUMENTOS

ÍNDICE

A-B

C-D

E-F

G-H

J-K

L-M

N-O

P

CRÉDITOS DE LAS IMÁGENES

Ann Ronan Picture Library 11, 17, 56iz. 81, 84iz. 108, 114. Archives Gallimard 13, 15, 23i, 54, 74, 75d, 83, 85, 100i, 119, 121, 127, 136, 140. Artephot 22/23, 24, 25, 33, 107s. Biblioteca Nacional de París 42, 43, 53s, 60i, 61, 63s, 63i, 72, 86s, 129. Bridgeman-Giraudon 79s. Bridgeman Art Library 12, 49, 60s, 84d, 132. British Museum, Bulloz 77. Charmet 16, 18, 19, 27, 35i, 44s, 44i, 62, 98, 99, 124s, 124i, 132. Cosmos/NASA//Science PHOTO Library 111. Cosmos, SPL. 82, 92, 102i, 103, 105, 106/107iz., 110, 134, 135, 136, 137. Dagli-Orti 21, 39, 41. Derechos reservados 10, 12, 24, 49, 50i/51i, 55, 75iz. 124, 125, 131. Edimedia 48, 70s, 96/97. ESO 137. Explorer-Archives 26, 64i, 65i, 69. Giraudon 52, 93. Lauros-Giraudon 20, 28, 29, 70i, 71, 100s, 109. MPG-Pressebild 112. National Maritime Museum Greenwich 58, 59iz. National Portrait Gallery 59d, 68, 76, 78. Observatoire de Paris 32s, 34, 35s, 36/37, 38, 46, 47, 50s, 51s, 65s, 86i, 87s, 87i, 89, 90, 91, 101, 115, 116, 117, 134, 135. Palais de la Découverte 56d. Réunion des Musées Nationaux 30/31, 79i. Roger-Viollet 40s, 40i, 57. Tapabor 64s, 66/67, 94/95, 99, 107i. Viollet 80iz., 80d.

AGRADECIMIENTOS

Agradecemos a la Royal Society su imprescindible colaboración, así como a Keith Moore de la Royal Society, y a Eileen Twedy.